NOTE

SUR

LE DÉFRICHEMENT DES BOIS

PRÉSENTÉE A LA SOCIÉTÉ FORESTIÈRE,

PAR M. L. TASSY,

Membre de cette Société, et ancien Professeur de l'Institut agronomique.

PARIS,

AU BUREAU DES ANNALES FORESTIÈRES,

RUE GARANCIÈRE, 10.

1854

DE L'IMPRIMERIE DE BEAU,
à Saint-Germain-en-Laye.

NOTE

SUR

LE DÉFRICHEMENT DES BOIS.

L'interdiction de défricher les bois, sans autorisation préalable, existait depuis près de trois siècles, lorsqu'elle fut levée par la loi du 29 septembre 1791. Rétablie pour 25 ans par la loi du 9 floréal an XI (29 avril 1803), maintenue, pendant 20 autres années, par le code forestier promulgué en 1827, cette interdiction a été prorogée, par trois lois nouvelles, jusqu'au 31 juillet 1856.

De ces prorogations successives, mais de plus en plus limitées, et des discussions approfondies qui ont eu lieu à leur sujet, il est permis de conclure : 1° que la conservation des bois importe à l'intérêt public et qu'on ne veut pas, dès lors, la compromettre ; 2° que les moyens adoptés pour sauvegarder cette conservation sont défectueux, mais qu'on est embarrassé pour en trouver de meilleurs.

I. Sous quels rapports la conservation du bois importe-t-elle à l'intérêt public ?

II. En quoi les moyens adoptés pour sauvegarder cette conservation, sont-ils défectueux ?

III. Quelles sont les causes de l'hésitation que l'on semble éprouver à remédier à une situation que l'on sait mauvaise ?

IV. Quel régime conviendrait-il de substituer à celui qui est en vigueur ?

Telles sont les quatre questions que nous nous proposons d'étudier.

I.

SOUS QUELS RAPPORTS LA CONSERVATION DES BOIS IMPORTE-T-ELLE A L'INTÉRÊT PUBLIC ?

La conservation des bois importe à l'intérêt public : au point de vue climatologique ; au point de vue de la défense du territoire et des besoins de nos services publics ; au point de vue de l'industrie, de l'agriculture, de la consommation domestique, et du commerce.

Climatologie. — L'influence des forêts sur la conservation et la reconstitution du sol fertile, sur la formation des pluies et la distribution de leurs eaux, sur les effets des vents, sur la température et l'hygiène, est, à la fois, constatée par les faits et expliquée par la science.

Les Alpes, les Cévennes, les Pyrénées, dévastées par les torrents;

Les Landes et la Gironde, envahies par les sables ;

Les propriétés riveraines du Rhin, du Rhône, de la Loire, désolées et souvent emportées par les inondations ;

Les amas énormes de terre végétale qui s'accumulent à l'embouchure des cours d'eau, qui traversent des contrées déboisées ;

Les écarts de température que l'on constate dans les pays dénudés;

L'excessive sécheresse de l'Algérie et de la Provence, provenant de ce que rien ne s'y oppose à l'évaporation des eaux courantes;

Les mêmes contrées où le vent du désert et du Nord-Ouest, dans l'une, et le mistral, dans l'autre, brûlent les récoltes qu'aucun obstacle ne protege contre leur violence;

La Sologne, la Bresse, la Dombe, la Brenne, vouées à la stérilité et aux fièvres endémiques, depuis que les bois qui les couvraient, ont été défrichés et remplacés par des marais :

Tous ces faits, si connus qu'ils sont passés à l'état de banalités (1), ne laissent aucun doute sur les profondes et désastreuses perturbations, que le défrichement peut apporter dans les conditions climatologiques d'une contrée.

On a voulu restreindre et limiter les cas dans lesquels ces perturbations se produisent : On a dit que les défrichements n'étaient véritablement à craindre que dans les pays en montagne.

Ces pays sont, sans doute, ceux où les effets physiques du déboisement se manifestent avec le plus d'intensité et de précision ; ce sont ceux où l'explication scientifique de ces effets rencontre le moins de diffi-

(1) Voir aux pièces justificatives, la note A.

cultés; mais on ne saurait raisonnablement conclure de là, que la présence des forêts n'est, dans les plaines, d'aucune utilité.

La Sologne peut être considérée comme un pays en plaine; on assure qu'elle était entièrement boisée autrefois; on connaît les déplorables résultats qu'y a produits le défrichement; si les forêts qui la couvraient jadis, existaient encore, ne faudrait-il pas, dans l'intérêt public, en assurer la conservation ?

Les vastes déserts de sable mouvant, qui s'étendent depuis l'embouchure de la Gironde jusqu'à celle de l'Adour, étaient anciennement occupés par des forêts d'arbres verts; la destruction de ces forêts n'est-elle pas une véritable calamité ?

Si les vents d'Ouest qui font tant de dégâts dans nos départements maritimes, rencontraient, en arrivant sur nos côtes, une zone forestière impénétrable; si de semblables obstacles s'opposaient en Provence au vent du Nord, le mistral, en Afrique, au vent du Sahara et surtout au vent du Nord-Ouest, n'y regarderait-on pas, à deux fois, avant d'en autoriser la destruction, lors même qu'il s'agirait de pays en plaine ?

L'opinion qui refuse, dans tous les cas, aux forêts situées en plaine, une influence salutaire, au point de vue climatologique, repose sur des malentendus ou sur des observations inexactes. Cette opinion, n'est pas soutenable aux yeux de celui qui sait donner à ses observations le champ nécessaire. L'influence climatologique d'une masse de forêts n'existe et ne se constate que pour la masse considérée dans son ensemble; on prétend évidemment à l'impossible quand on veut la reconnaître dans chacune des fractions de cette masse; c'est, pourtant, ce qu'on a voulu faire, et c'est ce qui explique l'incrédulité dans laquelle on est tombé.

Conservation du territoire. — Les bois constituent l'un des obstacles naturels les plus efficaces qu'une nation puisse opposer à l'invasion de son territoire. La manière de voir de tous les hommes qui ont fait la guerre est unanime sur ce point. Qu'on ouvre les Commentaires de César et les Annales de Tacite : il n'y a pour ainsi dire pas de page où il ne soit question des entraves causées par les bois aux opérations des armées envahissantes. De nos jours, l'importance des forêts, au point de vue stratégique, n'est pas moindre qu'autrefois, et ce qui le prouve, c'est le soin particulier avec lequel l'administration du génie militaire veille à ce que l'on ne découvre pas la zone frontière (1).

Besoins de nos services publics. — La France est assise sur deux mers :

(1) Voir aux pièces justificatives, la note B.

le développement de ses côtes est presque aussi grand que celui de ses frontières de terre ; elle possède des colonies sur lesquelles elle fonde de grandes et légitimes espérances ; le commerce maritime est un des principaux éléments de sa prospérité.

Dans de semblables conditions, elle a besoin d'une flotte nombreuse ; on l'a contesté, il est vrai, mais l'instinct national ne s'y est jamais trompé. Une puissance continentale, quelque grande qu'on la suppose, ne dispense pas un pays, qui est géographiquement situé comme le nôtre, d'une force navale respectable. Aussi, l'histoire nous montre-t-elle, entre l'état de nos armements et celui de notre influence politique, une corrélation qui ne s'est jamais démentie : Louis XIV, qui n'avait en 1675 que 35 vaisseaux, dont 31 de rang secondaire, en comptait, en 1706, 83, dont 43 de premier rang ; sous la régence et le ministère Dubois, il ne restait plus rien de cette grandeur. Relevée par Louis XVI, la marine eut à subir sous la République de nouveaux désastres, Napoléon l'avait faite plus puissante qu'elle n'avait jamais été. En 1815, nous n'avions plus qu'un vaisseau armé ; depuis lors, nos armements se sont rapidement augmentés, et, à l'heure qu'il est, nous avons déjà à flot, à ce qu'on dit, plus de 40 vaisseaux de ligne (2).

Ainsi, après les époques malheureuses de notre histoire, les gouvernements qui ont eu à cœur de replacer la France au rang qu'elle avait perdu, ont considéré que la restauration de sa force navale devait être une de leurs premières préoccupations.

Mais si la France ne peut pas, sans se condamner à une déchéance inévitable, se passer d'une marine puissante, il est nécessaire, pour qu'elle satisfasse à ce grand intérêt, que son territoire lui fournisse les bois de grandes dimensions, propres aux constructions navales. La rendre tributaire de l'étranger, pour cet objet, serait une imprudence, dont les partisans les plus ardents du libre échange n'oseraient certainement pas assumer la responsabilité, s'ils étaient mis en demeure d'appliquer leur théorie à la satisfaction des besoins de cette branche de nos services publics.

Il est vrai que l'Angleterre a plus de vaisseaux que la France, qu'elle a détruit cependant les forêts de la métropole, et qu'elle ne s'en inquiète guère.

L'Angleterre a des possessions immenses, d'où elle tire une grande partie des bois qu'elle consomme ; elle a une marine formidable, qui la rassure sur la possibilité de maintenir la liberté de ses communications.

(2) Sous le dernier règne, notre système naval était établi sur une base de 40 vaisseaux, 50 frégates, et 220 bâtiments de rang inférieur, sans compter les navires à vapeur.

avec les contrées où elle va puiser ses approvisionnements. L'Angleterre a, depuis longtemps, déplacé le siége des éléments de sa prospérité : ces éléments ne sont pas, comme en France, rattachés à la mère-patrie par un lien commun qui les solidarise, et en assure ainsi la stabilité; ils sont épars dans le monde; ils ressemblent, pour nous servir d'une comparaison qui rentre dans notre sujet et dans notre spécialité, à des rejets qui se seraient créé des racines propres, et qui, plus ou moins éloignés de la souche originaire, pourraient, en se séparant d'elle, compromettre son existence, sans en souffrir eux-mêmes.

La France n'en est pas là, Dieu merci : la centralisation y réunit, en un faisceau bien homogène, toutes les forces vives du pays; les sources qui alimentent sa puissance n'ont pas franchi les frontières de la métropole; nous achetons des bois de mâture à la Russie, mais, à la rigueur, nous pourrions nous en dispenser, et nos forêts de la Corse qui nous permirent de réparer les désastres d'Aboukir et de Trafalgar, renferment encore des ressources qui rendent les destinées de notre flotte, indépendantes de la rupture de nos relations internationales.

Cette situation offre des avantages inappréciables, qui seraient anéantis par le défrichement.

Nos arsenaux consommaient annuellement, en temps de paix, lorsque nous n'avions à flot que 20 vaisseaux et 25 frégates, 40,000 m. c. de bois équarri, ce qui équivaut à 80,000 m. c. de bois en grume (1).

Les forêts intéressent, sous un autre rapport, nos services publics. Situées sur les bords du Rhin, elles sont d'une grande utilité par les matériaux qu'elles fournissent aux travaux d'endigage. Là, c'est souvent un territoire communal, tout entier, dont la conservation est suspendue à la possibilité de se procurer immédiatement des fascines, pour opposer une digue à la violence des eaux.

Industrie. — Nous venons de parler de la marine militaire et de l'intérêt qui s'attache à ce que le territoire national produise les bois qu'elle demande. Il est également essentiel que nos forêts subviennent aux besoins de la marine marchande; car celle-ci est la pépinière de nos matelots, et forme en conséquence un des principaux fondements de notre puissance navale. Le nombre et la grandeur de nos navires de commerce sont bien loin de répondre à l'importance de nos échanges, ce qui tient, sans doute, en partie, au prix élevé du bois de construction. La moyenne des existences a été, dans ces dernières années, de 15 mille

(1) Voir aux pièces justificatives, la note C.

bâtiments, jaugeant ensemble à peu près 600,000 tonneaux, et exigeant pour leur entretien une quantité de bois égale à celle que consomme la marine nationale (1).

C'est la métallurgie qui, dans l'industrie privée, fait la plus grande consommation de bois (2) :

Sur les 30 millions de stères de bois de feu que les forêts produisent annuellement en France, si l'on en croit les renseignements, d'ailleurs peu précis, fournis par l'administration, on estime que le tiers environ, soit 8 à 10 millions de stères, est employé à la fabrication de la fonte et du fer. Nous avons encore près de 500 hauts-fourneaux qui marchent au moyen du combustible végétal, et qui fabriquent plus de la moitié de la fonte que nos usines livrent, chaque année, à la consommation ; c'est dans les pays montagneux, où le sol est généralement impropre à la culture arable, que sont situés ces fourneaux, ainsi que les forêts qui les alimentent ; autour d'eux, se sont groupées des populations nombreuses, qui vivent du travail qu'ils leur procurent. Cet état de choses s'est constitué sous l'empire d'une législation qui lui garantissait, jusqu'à un certain point, la conservation de l'affouage, sans lequel il ne saurait se maintenir ; il vivifie, en définitive, une vaste portion du territoire. Il serait donc permis de s'inquiéter, au point de vue général, de la perturbation fâcheuse que la privation brusque du combustible végétal causerait, au préjudice d'une foule d'intérêts, à l'industrie métallurgique. La houille ne tarderait pas, dira-t-on, à se substituer au bois ; mais il n'est pas moins vrai qu'une semblable révolution entraînerait, pour un certain temps, les plus graves inconvénients.

L'industrie réclame, en outre, beaucoup de bois pour le service des chemins de fer. Les chemins autorisés présentent un développement d'environ 9,000 kilomètres. Leur construction totale aura absorbé dans l'espace de quelques années, pour la voie seulement, l'énorme quantité de 1,800,000 mètres cubes de bois équarri. C'est à peu près ce que l'on trouverait dans 10,000 hect. d'une futaie de 120 ans bien peuplée. Leur entretien exigera au moins 180,000 mètres cubes par an (3).

A ces trois branches de notre consommation industrielle, il convient d'ajouter celle du bâtiment. Les besoins des constructions civiles sont très-considérables ; ils absorbent annuellement une quantité de bois qu'on ne saurait préciser, mais dont on est autorisé à porter le chiffre à plus de 1,600,000 mètres cubes pour la charpente seulement (4).

(1) Voir aux pièces justificatives, note C. — (2) Idem, note D. — (3) Idem, note E. — (4) Idem, note F.

A Paris, la valeur du bois employé à la construction d'une maison de quatre étages est, par rapport à la valeur totale de l'immeuble, comme 5 est à 12 ; on comptait, dans la même ville, en 1847, de 12 à 13 mille ouvriers charpentiers ou menuisiers en bâtiment, et l'on estimait à 43 millions (nombre rond) le produit pécuniaire de leur industrie. Ces chiffres donnent une idée de l'importance du bois dans les constructions civiles.

Consommation domestique. — Envisagée dans ses rapports avec les besoins domestiques, la production forestière ne se signale pas par des services aussi éclatants que ceux que nous venons d'énumérer, mais elle n'en est pas moins digne d'intérêt. Le bois est un objet de première nécessité, la houille ne lui a pas enlevé ce caractère par deux raisons : d'abord parce que les ressources qu'elle offre ne sont pas sans limite; ensuite, parce qu'elle est hors de la portée de la plus grande partie de la population.

La consommation de la houille indigène, qui s'élevait à peine, au commencement du siècle, à 4 millions de quintaux métriques, dépasse aujourd'hui 60 millions; elle a plus que doublé tous les 14 ans; si elle continue d'augmenter dans la même progression, l'épuisement des houillères pourrait être plus rapproché qu'on ne pense. Au reste, que cet épuisement ait lieu dans un siècle comme les uns le craignent, ou dans dix comme d'autres l'affirment, il suffit qu'il soit inévitable, pour que le bois mérite de conserver ce caractère d'utilité publique, qu'il avait à un si haut degré avant la découverte du combustible minéral, et qui veut qu'on en réserve, au moins dans une certaine mesure, la production à l'industrie nationale.

Il fut un temps, temps qui n'est pas encore très-reculé, où l'approvisionnement de Paris, en bois de chauffage, était une des préoccupations les plus graves du gouvernement. Quand le bois manquait, — et cela arrivait assez fréquemment, — la population se soulevait, et, alors, on avait recours aux moyens les plus extraordinaires, aux réquisitions, aux contraintes, et même aux confiscations, à l'effet de remédier à la disette (1).

Aujourd'hui, l'abondance et le bon marché de la houille, joints au grand nombre et à la facilité des voies de communication qui relient les villes, et celle de Paris entre autres, aux puits d'extraction de ce minéral, mettent nos populations urbaines à l'abri d'une disette de combustible, et enlèvent sans contredit au bois de chauffage une partie

(1) Voir aux pièces justificatives, note G.

de son importance ; mais, dans les campagnes, la houille est à peine connue ; dans les campagnes, le bois est resté exclusivement le moyen de chauffage des habitants, et il n'est pas désirable qu'il cesse de l'être, car il serait impossible d'en trouver un qui fût plus agréable, plus commode et plus économique. On ne sait pas assez que le voisinage des forêts est, pour la population rurale, une source inépuisable de bienfaits, et qu'au nombre de ces bienfaits, il faut compter surtout le chauffage presque gratuit, en ce sens qu'il ne coûte guère que la peine de l'aller prendre ; cette peine n'est rien pour des gens qui n'ont que trop de loisir pendant la saison rigoureuse de l'année. Aussi, cet antagonisme que l'on prétend exister entre l'agriculture et la sylviculture, n'est pas compris par nos paysans, il n'existe que dans l'esprit de nos économistes ; sur quoi se fonde-t-il ?

Agriculture. — C'est une loi générale, que toute société qui s'étend, a besoin d'abattre des bois pour cultiver des céréales. On doit cependant poser une limite à ce déboisement ; on doit admettre que si celui-ci est un des effets nécessaires du développement de la civilisation, il arrive un état d'équilibre, entre la production agricole et la production forestière, que le défrichement ne renverserait pas, sans nuire aux intérêts qu'il aurait servis jusqu'alors.

Les sociétés anciennes ne se sont jamais arrêtées à cet état d'équilibre : nous retrouverons l'occasion de le prouver par des exemples mémorables, et nous constaterons, en même temps, qu'il est urgent de se préoccuper, pour l'avenir de notre pays, des terribles enseignements que ces sociétés nous ont légués. Pour le moment, nous nous bornerons à faire observer que si la production des céréales reste quelquefois, en France, au-dessous du niveau des besoins de la consommation, cela ne tient pas à la trop petite étendue des terres arables.

Notre territoire contient plus de 8 millions d'hectares à l'état de landes, patis ou bruyères ; on estime, d'un autre côté, que, sur les 28,421,000 hectares qui sont affectés au travail agricole, 13,900,263 hectares sont cultivés en céréales. Si cette étendue n'était pas suffisante, le surplus des terrains agricoles et le défrichement des terres incultes fourniraient les moyens de l'augmenter ; mais les tableaux publiés par l'administration des douanes montrent que nos exportations ont souvent, surtout depuis 1821, dépassé nos importations, et personne n'ignore que s'il n'en est pas toujours ainsi, c'est parce qu'après une année d'abondance, le prix des céréales baisse tellement qu'il cesse d'être rémunérateur, et qu'il engage par suite les fermiers à restreindre la culture de cette denrée.

Ce n'est donc pas la terre qui manque à l'agriculture, ce sont les capitaux, l'intelligence, la connaissance des procédés de culture les plus avantageux, les engrais; ce sont surtout les débouchés.

Notre production en froment n'est, par hectare, que de 14 ou 15 hectolitres. La Belgique produit 17 hectolitres; l'Angleterre 23 hectolitres. Ce simple rapprochement indique que c'est à l'amélioration et non à l'extension de la culture que nous devons demander, s'il y a lieu, l'accroissement de nos récoltes. Ce moyen de l'obtenir serait le plus facile et le moins coûteux (1).

Le sol des bois défrichés n'augmenterait pas, au moins immédiatement, et par cette seule raison qu'il serait disponible, l'étendue des terres cultivées: il ne pourrait qu'en modifier la situation, en se substituant à celles de ces terres qui seraient moins fertiles que lui. Quant à ces dernières, elles iraient vraisemblablement s'ajouter à la portion improductive du territoire. Serait-ce un bien? — Nous répondrons plus tard à cette question.

Mais si l'agriculture n'a pas besoin que l'on augmente l'étendue de son domaine, elle demande impérieusement, dans certaines circonstances spéciales, la conservation des bois qui couvrent le territoire. Dans plusieurs régions, dans les Ardennes, dans le Morvan, dans l'Alsace, dans les localités où l'on cultive le houblon et la vigne, etc., les intérets de l'agriculture sont unis à ceux de la sylviculture par des liens qu'on ne saurait rompre, sans ruiner à la fois ces deux branches de l'économie rurale (2).

Supprimez les bois dans les Ardennes, et vous supprimez en même temps la production des céréales, car elle n'y est possible qu'au moyen du sartage.

Supprimez-les dans le Morvan, et vous en faites un désert, en enlevant aux cultivateurs la possibilité d'entretenir leurs attelages pendant l'hiver.

Défrichez les forêts de l'Alsace et des Vosges, et, du même coup, vous anéantissez les remarquables progrès que l'agriculture n'a réalisés et ne peut maintenir, dans ces contrées, qu'avec les engrais que lui fournissent les forêts environnantes.

Détruisez les massifs de chênes et de châtaigniers et les perchis d'arbres verts, qui sont situés à proximité des houblonnières et des vignobles, et vous ôtez à ces cultures un élément qui leur est indispensable.

Il y a en France près de 2 millions d'hectares complantés en vignes.

(1) Voir aux pièces justificatives, note H. — (2) Idem, note I.

et nous tirons déjà de l'étranger des échalas et du merrain, pour environ 5,000,000 de francs.

Commerce. — La place que les bois occupent dans la consommation générale, indique qu'ils doivent former une des principaux éléments de l'industrie commerciale. En effet, ils ne sont pas, comme beaucoup d'autres produits agricoles, susceptibles d'être consommés sur place. Un propriétaire peut vivre avec sa famille des diverses cultures d'une terre arable. Pour tirer parti d'un bois, il faut bien qu'il en échange le produit; or, l'échange implique évidemment le transport.

Quelle que soit, néanmoins, l'importance que présentent les bois au point de vue commercial, il ne serait pas juste de s'en faire un argument pour démontrer que leur conservation est d'utilité publique; car ce caractère n'appartient évidemment qu'à leur nature, à leurs qualités, aux avantages que la société en retire pour la satisfaction de ses besoins. Nous ne voulons, en parlant de cette importance, que donner une nouvelle preuve de celle de la consommation, et fournir un renseignement qui contribue à éclairer nos lecteurs, sur les ressources considérables que les bois procurent au travail national.

Des documents publiés par MM. Peuchet, Montalivet, Chaptal et Dupin établissent, d'après les recherches de M. Berthault-Ducreux, ingénieur en chef des ponts-et-chaussées, que, considérés par rapport au poids, les produits des forêts donnent lieu au tiers environ de tous les transports à l'intérieur. Nous ne savons pas à quelle source ont été puisés ces renseignements intéressants; il serait impossible aujourd'hui d'en vérifier l'exactitude, en présence du mode d'exploitation adopté pour la plupart de nos voies de communication. On ne connaît d'une manière très-précise que le chiffre du tonnage sur les rivières et les canaux administrés par l'État; il s'est élevé en 1850, pour les bois, à 179,206,040 tonnes, pour les charbons de bois, à 11,137,467 tonnes, et pour la totalité des marchandises à 1,288,273,528 tonnes; toutes ces quantités sont ramenées à 1 kilomètre (1).

La proportion des bois et charbons de bois a donc été, en 1850, sur les cours d'eau administrés par l'État, de 15 p. 100 de la généralité des marchandises.

Quoique inférieure à celle qui est indiquée par MM. Peuchet, Montalivet, Chaptal et Dupin, elle est cependant très-remarquable.

Au reste, si le tonnage des bois, sur les rivières et les canaux, n'est pas plus considérable, cela provient, soit de la distance qui sépare ces

(1) Voir aux pièces justificatives, la note J.

voies de communication des centres de production, soit de l'élévation du fret et des droits de navigation. Sur les canaux qui, sous ce triple rapport, sont dans des conditions satisfaisantes, la part des bois, dans le mouvement, est énorme.

Sur le canal du Rhône au Rhin, par exemple, le tonnage général a été de 59,740,972 tonnes, celui des bois et charbons de 22,332,724 tonnes. Le bois et le charbon de bois réunis ont fourni 37 p. 100 de la généralité des marchandises.

D'après les comptes-rendus des douanes, les bois communs forment à peu près les 13/100 de toutes les marchandises transportées par le cabotage.

La conservation des forêts a donc, sur une foule de points, un caractère d'utilité publique ; sur d'autres, elle se lie à des intérêts respectables, bien qu'ils ne touchent pas essentiellement à l'existence et au développement du corps social.

L'opinion générale ne s'est jamais abusée sur la nécessité de cette conservation ; elle s'inquiète des défrichements qui ont été effectués depuis le commencement de ce siècle. Elle est encore effrayée de ceux qui furent accomplis pendant la période de liberté absolue dont jouit la propriété forestière, de 1791 à l'an XI. 383,000 hectares de forêts disparurent, dans cette période de douze années, soit en moyenne 32,000 hectares par an. Si l'on suppose que la même cause conduirait aujourd'hui aux mêmes résultats, on trouve qu'il faudrait 271 ans pour amener le déboisement total de la France, 234 ans pour faire disparaître toutes les forêts, excepté celles de l'État, et 175 ans seulement pour la destruction des bois possédés par les particuliers.

Les conseils généraux partagent les appréhensions de la population ; ils se sont toujours élevés, en grande majorité, contre la liberté du défrichement (1), et cependant, on ne saurait le nier, les moyens adoptés pour assurer cette conservation que tout le monde désire, sont impopulaires. Cherchons les raisons de cette impopularité.

II.

EN QUOI LES MOYENS ADOPTÉS POUR SAUVEGARDER LA CONSERVATION DES BOIS, SONT-ILS DÉFECTUEUX ?

Ces moyens sont tous renfermés dans les articles suivants du Code

(1) En 1846, sur 70 conseils généraux qui avaient fait connaître le résultat de leurs délibérations, il ne s'en est trouvé que deux, ceux du Var et de la Vienne, qui aient proposé de revenir au principe de la liberté.

forestier, ou de l'ordonnance réglementaire, rendue pour l'exécution de ce Code.

Art. 68 de l'ordomance réglementaire : « Les aménagements des » forêts de l'Etat seront réglés principalement dans l'intérêt des pro- » duits en matière et de l'éducation des futaies.

» En conséquence, l'administration recherchera les forêts et parties » de forêts qui pourront être réservées pour croître en futaies, et elle » en proposera l'aménagement, en indiquant celles où le mode d'exploi- » tation par éclaircie pourrait être le plus avantageusement employé. »

Code forestier, art. 225. « Les semis et plantations de bois sur le » sommet et le penchant des montagnes et sur les dunes, seront » exempts de tout impôt, pendant vingt ans. »

Code forestier, art. 219. « Pendant vingt ans, à dater de la promulga- » tion de la présente loi, aucun particulier ne pourra arracher ni défri- » cher ses bois, qu'après en avoir fait préalablement la déclaration à la » sous-préfecture, au moins six mois d'avance, durant lesquels l'Admi- » nistration pourra faire signifier au propriétaire son opposition au » défrichement. »

La corrélation de ces dispositions est évidente : en augmentant la pro- uction en matière des forêts de l'Etat, et en favorisant le reboisement des montagnes, on rendait moins nécessaire la conservation des bois de particuliers, situés en plaine, et on se procurait les moyens d'alléger, sans compromettre les ressources du pays, la servitude qui pèse sur ces bois.

Malheureusement, la première de ces dispositions, la plus facile pourtant à réaliser, a été tout à fait négligée. Il est même certain que, sous le dernier règne, plusieurs futaies ont été converties en taillis.

La seconde disposition n'a pas produit les effets qu'on en attendait. Elle ne pouvait pas les produire, puisqu'elle ne changeait rien aux conditions économiques, qui avaient entraîné le déboisement des terrains que son but était de restituer à la culture forestière. L'exemp- tion d'impôt n'étant que temporaire, dédommageait à peine des frais de semis ou de plantation. Ce n'était pas un encouragement suffisant, l'expérience l'a prouvé.

C'est exclusivement à l'article relatif au défrichement des bois de particuliers qu'il a fallu recourir, pour éviter les conséquences fu- nestes d'un amoindrissement excessif du sol forestier.

On a fait à cet article plusieurs reproches :

On a prétendu d'abord, qu'en principe, l'Etat n'a pas le droit d'empê- cher les particuliers de défricher leurs bois en plaine, tout en lui concédant cependant celui de s'opposer au défrichement des bois en montagne (1).

A cela on a répondu : ou le droit existe, ou il n'existe pas. Si on l'admet pour les bois de montagne, qu'on l'admette aussi pour les bois de plaine ; s'il n'est pas réel pour ceux-ci, il ne l'est pas davantage pour ceux-là. Le droit qu'a l'Etat de s'immiscer dans l'usage de la propriété privée, ne doit pas être envisagé d'une manière abstraite. Il ne puise sa raison d'être que dans l'intérêt général ; il ne saurait être considéré que dans ses rapports avec cet intérêt. Or, à ce point de vue, l'Etat a toujours joui de la faculté de réglementer l'exercice du droit de propriété, les exemples en sont nombreux, qu'il s'agisse de bois ou d'autres cultures (2).

La révolution de 1789 n'a pas affranchi *complétement* le droit de propriété, comme on s'est plu si souvent à le dire ; elle l'a seulement limité d'une manière plus conforme aux progrès des lumières et des mœurs. L'exercice de ce droit est resté subordonné aux exigences de l'intérêt général, et ce principe du droit public moderne a été définitivement consacré par la loi du 8 mars 1810, sur l'expropriation pour cause d'utilité publique.

Que l'on attaque la prohibition de défricher, comme un mauvais moyen d'atteindre le but qu'elle se propose, — soit, — sur ce terrain la discussion est admissible ; mais quand on la repousse par ce seul motif qu'elle restreint la liberté individuelle, on sape les fondements mêmes de l'édifice social.

Il y a dans la société deux éléments qui se contrarient : l'un, qui tend à séparer les individus, à les isoler et à les rendre indépendants ; l'autre, qui tend à les rapprocher et à en faire un tout solidaire. Le premier réside dans ce sentiment d'égoïsme très-naturel, et, dans une certaine mesure, très-respectable, qui pousse l'homme à s'affranchir de toute sujétion ; le second naît de l'impuissance de l'individu, lorsqu'il est réduit à ses seules ressources, et de la nécessité, pour lui, de recourir à l'assistance de ses semblables, à l'association.

Ces éléments sont comparables aux forces moléculaires d'un corps matériel, et de même qu'on ne saurait rompre l'équilibre de ces forces sans détruire le corps dans lequel elles fonctionnent, de même une so-

(1) Voir le rapport sur le défrichement lu par M. Beugnot, à la séance du 15 février 1851 de l'Assemblée législative.

(2) Voir une brochure pleine de verve, d'esprit et de bon sens par M. de Metz-Noblat. Cette brochure est intitulée : *Projet de loi sur les défrichements*, 1851.

ciété serait désorganisée, si l'une des tendances que nous y avons signalées, était annihilée.

Un corps matériel, dans lequel la force qui écarte les molécules les unes des autres n'existerait plus, serait un corps sans porosité, un corps impénétrable, un corps *impossible*. Que si l'on y supprimait la force qui rapproche les molécules, celles-ci se séparant, le corps tomberait en poussière, ou plutôt s'évanouirait en fumée.

Supposons maintenant que l'on annihile la liberté individuelle dans une société, et que l'esprit collectif, personnifié dans l'administration, subsiste seul, le peuple n'est plus qu'un troupeau d'esclaves travaillant au profit exclusif d'une classe de fonctionnaires; la civilisation, privée de son stimulant le plus énergique, s'éteint rapidement; la nation, après avoir perdu toute dignité, perd bientôt toute puissance, elle devient ce qu'était devenue la Turquie. Est-ce l'esprit de solidarité qu'on veut y anéantir, en rompant tous les liens qui rattachent l'individu à ses semblables, il n'y a plus de société, il y a une agglomération d'hommes que l'intérêt réunit aujourd'hui, qu'il séparera demain; il n'y a plus de prévoyance sociale, chacun tire de son côté et vit au jour le jour. Il n'y a plus de patriotisme, plus de force collective, le pays est à la merci d'un voisin ambitieux et entreprenant.

Ainsi, il y a dans l'ordre social, comme dans l'ordre physique, des lois d'équilibre qu'on ne saurait violer impunément. Ces lois imposent à la liberté individuelle des restrictions nécessaires, quoique variables avec les progrès de la civilisation. Qu'on cherche à modifier ces restrictions et à en alléger le poids, rien de mieux: il n'y a pas d'ambition plus légitime et plus digne d'exercer le génie d'un homme d'Etat. Qu'on prétende les supprimer, voilà où est l'erreur, erreur contre laquelle proteste la raison des peuples.

On a adressé à la prohibition un autre reproche plus spécieux :

On a nié sa nécessité, en alléguant qu'une nation sait toujours produire ce qui lui est nécessaire, et que l'intérêt privé, si vigilant, si éclairé, si actif, est seul capable de déterminer, d'indiquer et de fournir les produits que réclame l'intérêt général (1).

Rien de plus trompeur que cette maxime.

Le bois coûte, à égalité de puissance calorifique, beaucoup plus que la houille, de sorte que si rien ne lui vient en aide, il sera nécessairement délaissé, dans un court délai, par le plus grand nombre des consommateurs.

(1) Voir le rapport de M. Beuguot, p. 10.

Tant mieux, dira-t-on : tout le monde y trouvera son compte, l'intérêt général comme l'intérêt privé.

Est-ce bien sûr ?

Nous reconnaissons que le consommateur gagnerait, momentanément, quelque chose à l'envahissement du marché par la houille, mais nous ne savons pas si la société en retirerait le même avantage. Pour être édifié sur ce point, il conviendrait d'examiner si l'excédant de la valeur vénale du bois sur celle de la houille, ne proviendrait pas de l'impôt foncier, des droits d'octroi, des droits de navigation, et, généralement, de toutes les redevances exceptionnelles qui grèvent le produit ligneux au profit des caisses publiques ; car, dans l'affirmative, il est clair qu'au point de vue du bon marché, la société ne retirerait aucun profit de la substitution du combustible minéral au combustible végétal, puisque ce qu'elle gagnerait d'un côté par l'économie que réaliserait le consommateur, en payant moins cher son chauffage, elle le perdrait de l'autre, par la diminution des recettes de ses percepteurs.

Il y aurait, en outre, à tenir compte, dans l'appréciation de la valeur relative des deux combustibles, de la faculté qu'a le bois de se reproduire, tandis que la houille s'épuise.

On s'expose donc à des mécomptes, lorsque l'on se fie entièrement à l'intérêt privé, pour procurer à la société les produits les plus profitables.

Au surplus, si l'initiative individuelle, qui a fait faire de si merveilleux progrès à l'industrie manufacturière, était susceptible de rendre les mêmes services à la sylviculture, il faudrait non-seulement lever la prohibition prévue par l'art. 219 du Code forestier, mais aliéner les forêts de l'Etat, car il serait irrationnel de laisser au gouvernement le fardeau et les embarras d'une gestion, que les particuliers rempliraient avec plus de *vigilance*, plus de *lumière* et plus d'*activité*. Malheureusement, les lois qui régissent la production et la consommation des richesses manufacturières sont spéciales à ces richesses, et ne s'appliquent pas à la sylviculture. Nous nous sommes efforcé de le démontrer, mainte et mainte fois, dans divers articles des *Annales forestières*. En culture forestière, l'intérêt du propriétaire est en opposition avec celui de la consommation générale. C'est un fait étrange si l'on veut, mais c'est un fait dont l'évidence se manifeste par des preuves si éclatantes, qu'on s'explique avec peine la persistance incroyable que certains esprits apportent à le contredire.

Les particuliers possèdent en France 5,600,000 hectares de bois (en nombre rond). Ces bois sont exploités presque tous en taillis à l'âge moyen de 18 ans. Ils fournissent un produit annuel que l'on ne connaît pas exactement, mais qui ne saurait dépasser, à raison de 2 mèt. c. par hectare, 11,200,000 mèt. c. (1). Si ces mêmes bois étaient exploités en hautes futaies, ils produiraient au moins deux fois plus en matière, c'est-à-dire 22 millions de mèt. c., au lieu de 11, et sur ces 22 millions de mèt. c., il y en aurait, certainement, les deux tiers qui seraient propres à l'industrie, tandis que la production actuelle ne convient guère qu'au chauffage.

Il résulte de là que si l'intérêt des particuliers n'était pas opposé à l'intérêt général, qui demande évidemment que l'on retire, d'une contenance donnée, la plus grande quantité possible des produits les plus utiles, on pourrait sans diminuer la production en matière, et en améliorant beaucoup sa qualité, réduire de moitié l'étendue du sol forestier qui appartient aux particuliers, et rendre, en conséquence, le surplus disponible pour l'agriculture.

Certes, le désaccord entre l'intérêt public et l'intérêt privé ne saurait être accusé plus énergiquement.

Le second reproche fait à l'article du Code forestier n'est donc pas plus fondé que le premier. La prohibition est dans le droit de l'État quand elle est motivée par l'utilité publique, et, comme en sylviculture, l'intérêt privé est opposé à l'intérêt général, on se tromperait si l'on comptait sur celui-là pour satisfaire celui-ci.

Cependant, l'article en question a des torts sérieux :

Il confie au Gouvernement un pouvoir exorbitant, dont l'exercice n'est point entouré de toutes les garanties désirables d'impartialité et de justice distributive.

Il impose à l'administration forestière une manière de procéder, qui ne lui permet pas d'apprécier, avec la maturité et le discernement nécessaires, le mérite des demandes en défrichement qui lui sont communiquées.

Il est en opposition formelle avec les principes fondamentaux de notre droit public.

Il place, enfin, la propriété forestière dans un état d'incertitude, qui est une des causes principales de ses souffrances.

La loi actuelle confie à l'administration un pouvoir exorbitant, dont l'exercice n'est point entouré de toutes les garanties désirables d'impartialité et de justice distributive.

(1) Voir la note M.

En effet, cette loi confère au ministre des finances le droit d'accorder ou de refuser l'autorisation de défricher. Ce ministre dispose ainsi de la fortune d'un grand nombre de propriétaires, car la faculté de défricher est susceptible d'augmenter, dans une très-forte proportion, la valeur vénale d'un bien-fonds. Il en dispose et on craint qu'il ne le fasse pas avec impartialité, s'il est servi par des agents infidèles, ou trompé par de hautes influences politiques. On n'a sans doute pas oublié les débats scandaleux de l'affaire Marguerite et consorts (1) : des agents d'affaires se faisaient payer, à raison de 100 fr. l'hectare, les autorisations de défricher qu'ils se disaient en mesure d'obtenir, par suite de leur connivence avec des employés de l'administration. — Voilà pour l'infidélité des agents. Quant aux influences politiques, on a prétendu, à tort ou à raison, qu'on les avait souvent utilisées, sous le régime parlementaire, pour donner un contre-poids aux raisons qui contrariaient les autorisations de défrichement.

En deux mots, cet arbitraire complet que le ministre exerce pour les permissions et pour les défenses, provoque les soupçons et les calomnies, froisse les intérêts moraux et matériels d'une classe nombreuse de la société, et blesse le sentiment de l'égalité qui est si prononcé dans notre pays (2).

La manière de procéder, imposée à l'administration forestière, ne lui permet pas d'apprécier, avec la maturité et le discernement nécessaires, le mérite des demandes qui lui sont communiquées.

Quand une demande en défrichement arrive à l'administration centrale, elle est immédiatement transmise à l'agent local, qui se transporte sur les lieux, fait la reconnaissance détaillée du bois qui a motivé la demande, et adresse un rapport circonstancié à son chef immédiat. Celui-ci transmet le rapport, avec son avis, au conservateur, qui l'apprécie à son tour et l'envoie au directeur général des forêts. Le ministre statue sur la proposition de ce dernier. Si la décision du ministre est fautive, ce n'est certes pas le défaut de contrôle qu'il faut en accuser. Malheureusement, ce contrôle ne peut pas s'exercer utilement, attendu que presque toute la valeur de l'instruction réside dans l'examen judicieux des circonstances locales, et que ce n'est pas de son cabinet, qu'il est permis de juger du mérite de cet examen.

Chaque année voit éclore, en moyenne, 2 à 3 mille demandes en

(1) Voy. *Annales forestières*, t. I, p. 150.

(2) Voir le rapport adressé par M. le directeur général des forêts à M. le ministre des finances, *Annales forestières*, t. X.

défrichement. Si elles étaient également réparties entre tous les services, il y en aurait, à peine, pour chaque chef de cantonnement, 5 ou 6; mais elles sont bien loin d'être également réparties; elles manquent absolument dans certaines localités, elles affluent dans d'autres : il est tel garde général qui en a, dans l'année, plus de cinquante à instruire. Ce grand nombre d'affaires le met dans l'impossibilité matérielle de donner à ses reconnaissances le temps qu'elles exigeraient; il l'oblige souvent à s'en rapporter, pour des renseignements essentiels, au dire d'employés subalternes, dont le zèle et la bonne volonté peuvent être irréprochables, mais dont le jugement et la sagacité ne doivent pas inspirer une entière confiance.

Ce n'est pas le seul inconvénient du mode suivi dans l'instruction des demandes de l'espèce; il y en a un autre qui est beaucoup plus grave : il consiste dans le morcellement des reconnaissances.

Nous l'avons déjà dit, le caractère d'utilité publique ne se manifeste dans la conservation des bois, que lorsqu'on envisage ceux-ci dans leur ensemble ou par grandes masses. Qu'on cherche ce caractère dans les rapports des forêts avec le climat, avec l'agriculture, ou avec la consommation, il est clair que l'on ne parviendra jamais à le trouver, si l'on procède parcelle par parcelle, et si l'on veut faire à chacune d'elles la part qui lui appartient, dans l'influence générale de la région forestière où elle est située. C'est par bassins qu'il faudrait opérer, pour se mettre à même de déterminer, avec discernement, les portions du sol forestier dont le défrichement serait nuisible à l'intérêt public. Avec le système actuel, d'après lequel les demandes sont examinées l'une après l'autre, au fur et à mesure qu'elles se présentent, les considérations sur lesquelles le ministre est appelé à baser ses décisions, ne peuvent être qu'étroites, insuffisantes, incertaines, et souvent contradictoires.

L'interdiction qui pèse sur les bois des particuliers, est en opposition formelle avec les principes fondamentaux de notre droit public.

L'État ne peut exiger le sacrifice de tout ou partie d'une propriété, pour cause d'utilité publique, sans accorder au propriétaire une indemnité préalable.

Tous les citoyens doivent contribuer aux charges publiques, en proportion de leur fortune.

Telles sont les maximes de notre droit public. La propriété forestière seule n'en bénéficie pas. Elle est frappée d'interdiction, et, au lieu de recevoir une indemnité, elle supporte des charges exorbitantes, dont les autres propriétés sont, souvent, entièrement affranchies.

Ainsi :

Elle est surtaxée par l'impôt foncier qui lui demande, dans certains lieux, 59 pour 100 de plus qu'aux terres.

Elle est surtaxée par l'octroi qui, à Paris, lui fait payer un droit 4 fois plus élevé que celui dont la houille est frappée ;

Elle est fort maltraitée par la douane, qui prohibe l'exportation de plusieurs de ses produits, en grève d'autres d'un droit de 25 fr. par mètre cube, laisse entrer en franchise les bois étrangers, et réalise ainsi, au préjudice des bois indigènes, l'avilissement des prix ;

Elle est maltraitée par les tarifs des chemins de fer et des canaux, qui assujettissent ses produits à des droits plus élevés de 50 p. 100, en moyenne, que ceux qui sont appliqués aux marchandises similaires ;

Enfin, elle ne jouit même pas de la protection dont les lois pénales et l'Administration qui est chargée d'en poursuivre l'exécution, couvrent toutes les autres natures de bien. La coupe d'un arbre dans un champ cultivé est passible d'un emprisonnement de 6 jours à 5 ans (art. 445 du C. p.) Un délit forestier, dans quelque circonstance que ce soit, sauf le cas très-rare où il aurait été commis dans un semis exécuté de main d'homme, n'est passible que d'une peine pécuniaire. Le ministère public ne poursuit presque jamais la réparation des délits commis dans les bois des particuliers.—L'étendue de ces bois est à celle des bois soumis au régime forestier comme 100 est à 55. Le nombre des poursuites relatives aux premiers bois est à celui des poursuites relatives aux seconds, comme 2,66 est à 100.

Cette situation n'est pas tolérable (1) : elle est pour beaucoup dans les embarras que l'on éprouve à donner à la question du défrichement, une solution qui satisfasse l'intérêt public et l'intérêt privé, dans la mesure que comportent la justice et l'équité.

La loi actuelle place enfin la propriété forestière dans un état d'incertitude, qui est une des causes principales de ses souffrances.

De tous les éléments utiles au progrès, au succès d'une branche quelconque de l'industrie, manufacturière, agricole ou autre, la stabilité des conditions, dans lesquelles cette branche d'industrie est appelée à fonctionner, est assurément celui dont on se passe le moins facilement. Cette stabilité manque précisément à la sylviculture, et c'est là une des principales raisons du discrédit qui frappe la propriété forestière, du peu d'améliorations dont elle est l'objet, et, en définitive, de l'abandon presque complet dans lequel elle est laissée par ceux qui au-

(1) Voir aux pièces justificatives, la note K.

raient l'intérêt le plus grand et le plus immédiat à la faire valoir.

On s'explique aisément cet abandon, quand on se met à la place du propriétaire, et qu'on réfléchit à toutes les chances aléatoires que lui offrent des futurs contingents, qui peuvent bouleverser complétement les circonstances auxquelles sa culture est subordonnée. L'Administration forestière lui fait, avec les bois de l'État et des communes, une concurrence qui entrave d'autant plus l'écoulement de ses produits, qu'elle n'est pas réglée. La douane, en abaissant le droit d'entrée sur les fers ou sur le combustible minéral, le menace, d'un autre côté, d'une concurrence bien autrement redoutable ; enfin, la possibilité d'affranchissement prévue par la législation actuelle, laisse planer sur l'avenir qui est réservé à sa propriété, une incertitude devant laquelle s'arrêtent naturellement les améliorations que le présent réclamerait.

Nous arrivons à la troisième question :

III.

QUELLES SONT LES CAUSES DE L'HÉSITATION QUE L'ON SEMBLE ÉPROUVER A METTRE UN TERME A UNE SITUATION QUE L'ON SAIT MAUVAISE ?

Il est peu de questions sur lesquelles les divergences d'opinion soient absolues, radicales, dans le fond comme dans la forme.

Quelque paradoxale que paraisse cette proposition, il serait facile de la justifier en passant en revue les grands problèmes qui ont agité ou qui agitent les esprits, en philosophie, en politique, en économie politique.

Prenons un exemple fameux dans cette dernière science :

Le libre échange est-il utile au développement de l'industrie et du bien-être général d'une nation ?

On sait avec quelle ardeur passionnée le *oui* et le *non* ont été et sont encore soutenus, et cependant, quand on y regarde attentivement, avec impartialité et sang-froid, il est évident que les deux partis contraires, si éloignés l'un de l'autre, en apparence et en théorie, sont en réalité près de s'entendre, quand on les suit sur le terrain de l'application : tous les deux accordent, en effet, que dans la pratique, et comme mesure transitoire, les droits protecteurs sont utiles et même indispensables.

Ce que l'on remarque dans cette question de commerce international, existe également dans celle du défrichement : les prétentions diverses que cette dernière a provoquées, se rapprochent sur un point essentiel et fondamental ; toutes, elles reconnaissent que les bois sont nécessaires à la prospérité publique. De part et d'autre, on veut les conserver ; de part et d'autre, on admet la prohibition ; on n'est en désaccord que sur les limites dans lesquelles on la renfermera : les uns croient qu'elle peut être indispensable dans toutes les situations, les autres soutiennent que la liberté conduirait, pour les bois en plaine, au même résultat. La question n'est donc pas de savoir si, en général, le défrichement est désirable ou ne l'est pas. La question est de savoir si l'affranchissement d'une portion de la propriété forestière est ou n'est pas susceptible de compromettre les intérêts forestiers du pays. A ce sujet, l'opinion qui était jadis unanime pour l'affirmative, a été, dans ces derniers temps, ébranlée par l'éloquence avec laquelle des hommes, entourés d'une grande et légitime considération, sont venus défendre la thèse opposée. C'est une chose si séduisante que la liberté, et on en admirait autour de soi de si étonnants résultats, dans les différentes branches du travail national, qu'on ne demandait pas mieux que de se laisser persuader, par ceux qui voulaient l'appliquer à la culture forestière. Aussi, lorsque en 1834 M. Anisson Duperron proposa à la Chambre des Députés, dont il faisait partie, de rendre aux citoyens la libre disposition de leurs bois en plaine, il eut pour lui une très-grande majorité, et il y a lieu de croire que sa proposition eût été consacrée par une loi, si la Chambre des Pairs n'en avait ajourné la discussion. Reproduite l'année suivante, cette proposition fut repoussée par la même chambre qui l'avait votée avec enthousiasme ; elle eut le même sort en 1838 et en 1839. En 1846, le gouvernement dut apporter à son tour son avis sur la question ; il présenta un projet de loi qui maintenait, en les aggravant, les dispositions restrictives du Code forestier. Ce projet ne fut pas adopté ; on se contenta de proroger le *statu quo* pendant trois ans. Le délai expiré, on devait s'attendre à retrouver l'Administration supérieure dans les mêmes dispositions, et l'on ne fut pas médiocrement surpris, quand on la vit donner une entière approbation à un projet qui rentrait complétement dans les vues de la proposition de M. Duperron.

Ces revirements si étranges, si complets, dans les idées du gouvernement et des assemblées législatives, ne pouvaient que jeter l'incertitude dans les esprits, et il est raisonnable d'attribuer, au moins en partie, à cette incertitude, le maintien de la législation existante. Au reste, en examinant avec plus d'attention le système que l'Administration proposait de substituer aux principes traditionnels, sous lesquels s'était abritée jusqu'alors la conservation de notre sol forestier, on reconnut qu'il n'était soutenable ni en droit ni en fait, qu'il reposait sur des inconséquences et des contradictions nombreuses, et qu'il compromettait gravement le but que tout le monde voulait atteindre : la conservation des bois.

Les auteurs de ce système refusaient à l'Etat la faculté de renfermer les écarts de la liberté individuelle dans les limites que commande l'intérêt social (1), — c'était tomber dans une erreur de droit public.

Ils prétendaient que les défrichements inconsidérés ne peuvent être funestes que dans les pays en montagne (2) — c'était tomber dans une erreur de fait.

Ils maintenaient la prohibition pour les bois en pente, après avoir dit que la liberté ne ferait courir aucun danger aux seuls bois dont la conservation fût réellement d'utilité publique (3) ; — c'était une contradiction.

Ils soutenaient qu'en matière forestière, comme dans toutes les autres, l'intérêt privé poursuit toujours le but le plus favorable à l'intérêt général (4) ; — c'était avancer une proposition qui est démentie par l'expérience et par le raisonnement.

Ils proposaient enfin de supprimer toute restriction, pour la plus grande partie des bois de particuliers, sans accompagner cette mesure de la suppression des charges exceptionnelles, qui rendent cette nature de biens, onéreuse au propriétaire (5) — c'était, à la fois, commettre une inconséquence, vouloir assurer la destruction du sol forestier, et éclairer, d'un triste jour, les résultats inévitables de la législation, que l'on proposait de substituer au *statu quo*.

Ce dernier vice, le plus frappant de tous, ne pouvait échapper à personne. Les auteurs du projet de loi essayèrent vainement de calmer les alarmes qu'il était de nature à inspirer, en faisant observer que l'avilissement de la propriété forestière n'empêchait pas les particuliers de boiser leurs terrains *et de les placer, en conséquence, sous un régime qui avait pour résultat d'en abaisser d'un tiers la valeur*. Ces assertions singulières n'eurent pas l'effet qu'on en espérait, et le *statu quo* fut maintenu.

On ne se dissimula point que ce *statu quo* était fâcheux ; mais en présence des imperfections du système qui voulait prendre sa place, on craignit de tomber de Charybde en Scylla. Entre le régime libéral qui menaçait les intérêts généraux, et le régime restrictif qui ne blesse que

(1) Rapport de M. Beugnot, p. 4. — (2) Idem, p. 20. — (3) Idem, p. 12. — (4) Idem, p. 10. — (5) Idem, voir les conclusions.

les intérêts privés, le législateur ne pouvait hésiter : il devait préférer celui-ci, jusqu'à ce qu'on vînt lui en proposer un qui, sans en avoir les inconvénients, en conserverait les avantages.

IV.

QUEL RÉGIME CONVIENDRAIT-IL DE SUBSTITUER A CELUI QUI EST EN VIGUEUR ?

Les forêts forment un des éléments du milieu indispensable à l'existence des sociétés. Considérées dans leurs rapports avec l'individu, avec l'intérêt privé, elles sont souvent plus embarrassantes qu'utiles ; considérées dans leurs rapports avec le corps social, avec les intérêts généraux, elles ont une très-haute importance que l'instinct des populations a toujours pressentie, que l'expérience de tous les temps confirme, et que la raison justifie. On ne saurait dire de quel poids elles ont pesé sur les destinées des anciens peuples. Ce qui est certain, c'est que la civilisation, la richesse, la population, la vie enfin s'est retirée de tous les lieux qu'elles ont quittés. Ce qui est probable, c'est qu'elles auront une influence sur les remaniements que l'avenir réserve à la carte politique du monde. Les forêts sont donc des richesses sociales dans toute la force du terme. Ce caractère d'utilité collective n'apparait pas, seulement, dans le rôle qu'elles jouent, pour maintenir l'équilibre des agents atmosphériques, et pour établir, entre ceux-ci et le sol, les relations les plus favorables à la salubrité des uns et à la fécondité de l'autre ; il apparaît, également, dans les fonctions qu'elles remplissent comme source de produits matériels, comme capital. Envisagées à ce point de vue, elles sont assujetties à des lois bien différentes de celles qui président à la formation et à la consommation des autres richesses; et ces lois sont ainsi faites que les gouvernements, seuls, sont capables de les observer, et par conséquent de retirer des forêts tous les fruits qu'elles sont susceptibles de procurer. Nous savons bien que cette proposition, qui est élémentaire en économie forestière, n'est pas même soupçonnée de la plupart de nos économistes et de nos hommes d'État; nous savons bien qu'elle n'est guère connue que des agents forestiers. Voilà pourquoi nous n'hésitons pas à la reproduire, quoique nous l'ayons déjà signalée, car nous la croyons propre à éclairer la discussion qui est l'objet de ce travail, et à faire accepter des conclusions, que bien des gens regarderont comme trop peu libérales.

Parmi les erreurs et les préventions fâcheuses, engendrées par l'ignorance des règles toutes spéciales qui s'appliquent à la production forestière, il y en a que l'on ne manque jamais de formuler, toutes les fois que l'occasion le permet. Les forêts domaniales ne rapportent, dit-on, que 2 et quelquefois 1 1/2 p. 100 : donc elles constituent un mauvais placement, donc elles sont mal administrées, donc elles imposent une charge au Trésor, donc il vaudrait mieux les confier aux mains des particuliers, etc., etc., toute une série de conséquences qui effraient avec raison les hommes qui ne sont pas étrangers aux plus simples notions de l'économie forestière. Que l'on parcoure les procès-verbaux des discussions qui se sont établies, sur des questions forestières, dans nos assemblées législatives et même dans les réunions savantes, on en trouvera bien peu qui ne contiennent des considérations de cette force, on en trouvera bien peu dans lesquels ces considérations soient suivies d'une réfutation péremptoire fondée sur les principes de l'économie forestière, et exempte elle-même d'erreur (1). On ne veut pas comprendre que c'est, précisément, le désir d'élever le plus possible le rapport entre le revenu et le capital engagé, qui pousse les particuliers à raccourcir la durée de la révolution de leurs forêts, et qui les leur ferait exploiter à un an, si, à un an, elles avaient une valeur vénale ; on ne veut pas comprendre que plus le susdit rapport est faible, plus le revenu par hectare est grand et *vice versâ*, et que l'intérêt de la société demandant pour le revenu absolu, par hectare, ce que celui des particuliers demande pour le rapport entre le revenu et le capital, il est évidemment impossible qu'ils soient satisfaits tous les deux en même temps ; d'où il suit que, si l'on souhaite que les forêts soient exploitées au plus grand avantage des consommateurs, c'est à l'État, qui, lui, ne doit se préoccuper que du revenu, qu'il y a lieu de les confier.

Voici une forêt de 100 hectares. On peut l'aménager en futaie, à une révolution de 100 ans. On peut l'aménager en taillis, à une révolution de 25 ans.

Dans le premier cas, la coupe annuelle s'étendra sur 1/100 de la surface, c'est-à-dire sur 1 hectare ; dans le second cas, la coupe annuelle s'étendra sur 1/25 de la surface, c'est-à-dire sur 4 hectares.

Il est clair que si l'on juge du mérite de ces deux modes d'exploitation, par l'élévation du rapport entre le revenu et le capital engagé, le second est préférable au premier. — Est-ce une raison pour condamner l'adoption de celui-ci, comme un acte de mauvaise administration?

Ceux qui critiquent l'exploitation des bois de l'État, en se fondant sur

(1) Voir aux pièces justificatives, la note L.

la faiblesse du rapport qu'il y a entre le revenu et le capital engagé de ces bois, répondront affirmativement; cependant, il est probable qu'ils changeraient d'avis, s'ils savaient que le produit annuel qu'on retirerait de la futaie, en n'exploitant que le 1/100 de la superficie, c'est-à-dire 1 hectare, serait plus volumineux et surtout beaucoup plus précieux que celui qu'on retirerait du taillis, en exploitant 1/25 de la superficie, c'est-à-dire 4 hectares.

En effet, pour la société et par conséquent pour l'État, la seule chose appréciable dans les résultats de l'exploitation, c'est le revenu, c'est la quantité et l'utilité des produits. C'est ce qui intéresse la consommation; c'est ce qui intéresse aussi le Trésor public.

Cela est pourtant bien simple, et il en découle, ainsi que des considérations précédentes, que l'État devrait être propriétaire de toutes les forêts nécessaires à la satisfaction des besoins généraux de la société.

Henri Cotta, l'un des maîtres de la science forestière en Allemagne, partage cette manière de voir; il pose comme principe fondamental de haute administration que les gouvernements doivent se mettre en possession d'une quantité de forêts suffisante, pour que l'on n'ait pas à craindre une cherté de bois dangereuse, et pour que l'on puisse abolir toutes les restrictions apportées à la jouissance des particuliers. « C'est en effet, dit-il, selon nous, le seul moyen de tolérer un jour, sans danger, les défrichements qui autrement seraient une calamité irréparable, et de donner en même temps satisfaction aux particuliers qui ne pourraient, comme l'État, conserver de hautes futaies. »

Malheureusement, en France, l'État s'est dessaisi de la plus grande partie d'un domaine dont tant de motifs lui commandaient de rester le dépositaire, et les nombreux intérêts qui se rattachent à la conservation des bois seraient mis en péril, si on les privait des ressources que leur offrent les propriétés communales et particulières. C'est ce que nous allons mettre en évidence :

L'État ne possède plus que 1,171,415 h. sur lesquels il y a :

En futaies 49 p. 100..	573,993 hec.
En taillis sous futaies et taillis simples 51 p. 100. .	597,422
Total.	1,171,415

Ces forêts dont, en tout état de cause, l'étendue serait insuffisante, on été épuisées d'une manière qui en a réduit la production annuelle à la moitié de ce qu'elle devrait être (1).

(1) Voir aux pièces justificatives, la note L.

Elle s'élève en bloc à 3,500,000 mètres cubes, ce qui suppose un accroissement moyen par hect. de 3 m. c., tandis qu'en prenant pour mesure l'accroissement moyen obtenu dans des conditions moyennes de fertilité, pour des peuplements traités avec soin et intelligence, cette production devrait être de 6,000,000 de mètres cubes.

Trop restreintes en étendue, appauvries dans leur possibilité en matière, nos forêts domaniales ne le sont pas moins, quand on considère la qualité de leurs produits.

Sur les 3 millions 500 mille mètres cubes exploités chaque année,

Il y a en bois de service 10,3 p. 100. . .	360,500 m. c.
en bois d'industrie 8 p. 100. . .	280,000
en bois de feu 81,7 p. 100. . .	2,859,500

Elles sont donc dans l'impuissance de satisfaire aux exigences de la consommation, et leur état est même fait pour inspirer de sérieuses inquiétudes, au sujet des approvisionnements de nos arsenaux maritimes.

Il faut bien, dès lors, demander aux bois des communes et des particuliers ce que le sol forestier domanial n'offre plus.

Les communes avec lesquelles nous confondons les établissements publics, possèdent 1,891,435 hectares.

Savoir : en futaies 36 p. 100.	680,816 h.
en taillis sous futaies et taillis simples 64 p. 100.	1,210,616
Total.	1,891,432

On ne connaît pas le chiffre de leur production en matière ; il y a lieu de croire qu'elle est, par hectare, bien inférieure à celle des forêts domaniales, et qu'on sera plutôt au-dessus qu'au-dessous de la vérité, en la portant à 5,201,446 mètres cubes, ce qui constitue un accroissement moyen par hect. de 2 mèt. c., 75.

Mais ce chiffre n'est pas ce qui offre le plus d'intérêt : il faudrait savoir la proportion dans laquelle les bois de charpente et les bois d'industrie y entrent. Nous admettons que pour une contenance donnée, cette proportion est d'autant plus petite que l'étendue occupée par le taillis est plus grande, et, comme les forêts domaniales qui sur 100 hect. n'en ont que 51 en taillis, fournissent 10,3 p. 100 en bois de service, et 8 p. 100 en bois d'industrie, les forêts communales qui sur 100 hect. en ont 64 en taillis, ne doivent produire que 7,57 p. 100 en bois de service, et 5,88 p. 100 en bois d'industrie ; leurs produits annuels comprendraient d'après ces bases :

En bois de service 7,57 p. 100. . . . . . . 393,749 m. c.
d'industrie 5,88 p. 100. 305,845
de feu 86,55 p. 100. 4,501,852

Les particuliers possèdent 5,612,000 hectares.

Savoir : en futaies 17 p. 100. . . . . . . 954,040 hec.
en taillis 73 p. 100. 4,657,960

Total. 5,612,000

La production moyenne par hect. de ces bois ne doit pas dépasser 2 m. c., ils sont généralement exploités à de très-courtes révolutions, et ils présentent sur une étendue considérable de très-jeunes plantations qui ont été classées parmi les futaies, et qui, pour le moment, ne rapportent presque rien.

En adoptant pour l'accroissement moyen, le chiffre de 2 m. c., on obtient pour la production totale annuelle 11,223,998 mètres cubes, qui se décomposent ainsi qu'il suit :

Bois de service 2.79 p. 100. . . . . 313,149 m. c.
d'industrie 3,57 p. 100. 400,697
de feu 93,64 p. 100. 10,510,152

Et si nous mettons ensemble les résultats de nos hypothèses pour les bois de toutes catégories, nous trouverons qu'en France les forêts rapportent chaque année 19,925,444 mètres cubes.

Savoir : en bois de service. . . . . 1,067,398 m.c.
d'industrie. 986,542
de feu. 17,871,504

Total. 19,925,444 (1)

Tel est le bilan de notre situation forestière; pour montrer qu'il est bien loin de répondre aux exigences de la consommation, il n'est pas nécessaire de se livrer à de longs calculs.

Ne prenons que les principales branches de la consommation.

Marine militaire. Les arsenaux militaires consomment chaque année 40,000 mètres cubes de bois équarri, ce qui équivaut en grume à. 80,000 m. c.

Marine marchande. Elle comprend de 14 à 16,000 navires jaugeant à peu près 600,000 tonneaux. On estime que la quantité de bois nécessaire à la construction d'un navire est par tonneau de 1 mètre cube de

A REPORTER. 80,000

(1) Voir aux pièces justificatives, la note M.

REPORT. . . . 80,000

bois équarri, ce qui porte à 600,000 mètres cubes le volume absorbé par la construction de 14 à 16,000 navires. En fixant à quinze ans en moyenne leur durée, on trouve que l'entretien de notre marine marchande exige par an, 40,000 mètres cubes équarris soit en grume. . . . . 80,000 m. c.

Chemins de fer. Ils exigeront de leur côté, chaque année, 180,000 mèt. c. équarris, soit en grume. . . . 360,000

Bâtiment. Il a des besoins dont nous avons évalué le chiffre à. 1,600,000

Total. 2,120,000

Sans aller plus loin, on a déjà pour les bois de charpente seulement, une consommation qui dépasse de beaucoup ce que nous retirons de toutes nos forêts réunies.

Voyons pour les bois de feu :

Hauts-fourneaux et forges consomment à peu près 10,000,000 stères.

Consommation domestique. Les besoins d'un ménage sont variables suivant les localités; ils demandent de 4 à 8 stères, 6 stères en moyenne (1). Il y a, en France, 8 millions de familles : leurs besoins en combustibles demanderaient donc, si la houille, la tourbe, les arbres isolés n'étaient là pour y satisfaire . . . . 48,000,000 stères.

Or, notre production forestière, totale en bois de feu, est, à peine, de. 30,000,000

notre déficit est immense. Si l'on désirait une nouvelle preuve à l'appui de son existence, on la trouverait dans notre consommation en bois étrangers, d'une part, et dans celle que nous faisons, de l'autre, des combustibles minéraux soit indigènes, soit étrangers.

L'année dernière, en 1852, nous avons importé des bois communs pour 62,000,000 de francs (2).

Quant aux combustibles minéraux, l'Administration des mines en estimait la consommation, en 1845, à 68,632,516 q. m. qui comprenaient :

Houille, indigène et étrangère. . . . . . 63,430,692 q. m.
Tourbe. 5,201,824

Total. . . . . . 68,632,516 q. m.

(1) Les tribunaux appelés à déterminer la quantité de bois nécessaire aux besoins d'une famille l'ont souvent portée à plus de huit stères.

(2) Voir aux pièces justificatives, la note N.

Il suit de là que les bois des communes et des particuliers sont appelés à concourir, dans une mesure très-grande, aux services que le pays attend des forêts qui couvrent son territoire. Ce concours n'est pas exigé seulement par les besoins de la consommation, il l'est également, ou même à un plus haut degré, par les autres intérêts généraux.

Dans les parties montagneuses de la France, dans toutes les localités où les torrents se signalent par leur violence, on compte sur une étendue totale de 4,221,825 h. 1,077,007 h. de bois appartenant aux communes et 2,585,168 h. appartenant aux particuliers (1).

Ces parties montagneuses sont généralement situées près de la frontière, et les bois qui les couvrent, empruntent à ce voisinage un degré de plus d'utilité.

Dans les départements des Ardennes, dans le Morvan, dans l'Alsace, dans toutes ces localités où nous avons montré que l'agriculture et la sylviculture étaient impossibles l'une sans l'autre, les communes et les particuliers possèdent encore beaucoup de bois.

Il est donc incontestable que, sous le rapport de la consommation comme sous tous les autres, les forêts que nous possédons, quelle que soit d'ailleurs la catégorie de propriétaires à laquelle elles appartiennent, peuvent être utiles aux intérêts généraux, et il s'agit maintenant d'indiquer les moyens de conservation les plus efficaces.

C'est ce que nous allons faire, et cela ne nous prendra, nous l'espérons, ni beaucoup de temps, ni beaucoup de peine; mais avant, il est nécessaire de répondre à plusieurs questions qui se présentent naturellement à l'esprit, quand on réfléchit à l'organisation du régime forestier.

1° N'y a-t-il pas, parmi les forêts qui appartiennent soit à l'Etat, soit aux communes, soit aux particuliers, des massifs qui occupent des terrains auxquels on pourrait donner une destination plus utile, tant dans l'intérêt du propriétaire que dans celui de la généralité des citoyens?

L'affirmative n'est pas douteuse.

Il y a dans les plaines, il y a probablement aussi dans les montagnes, dans des localités abritées, des terrains qui seraient excellents pour l'agriculture et qui sont occupés par des bois dont l'utilité publique ne réclame, à aucun point de vue, la conservation, et dont l'intérêt du propriétaire, d'accord avec l'intérêt général, demande même le défrichement.

2° Parmi les bois dont la conservation serait nécessaire ou désirable

(1) Voir le Rapport de M. Beugnot, tableau de la situation topographique des bois en France.

au point de vue de l'intérêt général, n'y a-t-il pas des distinctions à établir, des degrés d'utilité bien différents, selon la situation topographique des bois, et la catégorie de propriétaires à laquelle ils appartiennent ?

Sans contredit.

La conservation des bois présente des avantages très-variables : quand elle intéresse la climatologie, l'hygiène, la défense du territoire, les services publics, elle doit être regardée comme indispensable ; lorsqu'elle ne se recommande que par les services matériels plus ou moins étendus, mais partiels, qu'elle rend à l'agriculture, à l'industrie et à la consommation, elle doit être regardée, souvent, comme étant d'une utilité secondaire.

Les bois de l'État, ceux des communes et des établissements publics, peuvent être utiles à tous les points de vue.

Ceux des particuliers ne s'exploitent en futaie que lorsque la nature des essences l'exige, et, dans ce cas, ils s'exploitent à de courtes révolutions. Généralement, ils sont soumis au mode de traitement du taillis simple ; il faut donc exclure leurs services de ceux que réclament les constructions maritimes, et ne leur accorder qu'une faible importance, pour la satisfaction des besoins du pays, en bois propres aux constructions civiles.

3° Est-il possible de déterminer d'une manière précise, infaillible, incontestable, les cas dans lesquels l'intérêt général exige la conservation d'un bois ? Y a-t-il des signes apparents et certains, qui permettent de reconnaître, dans cette conservation, les caractères de l'utilité publique ?

Non ;

Et c'est parce que l'on a cherché à se dissimuler cette vérité, c'est parce qu'on a craint d'aborder de front la difficulté qu'elle renferme, qu'on a été conduit à inventer tant de systèmes, faux et impraticables, parce qu'ils se fondaient sur une possibilité qui n'existe pas.

Considérée par rapport au climat, à la conservation du sol, à la distribution des eaux, à l'hygiène, l'influence des forêts est variable avec une foule de circonstances, qui se combinent et se refusent à toute détermination exacte : c'est l'altitude, l'exposition, la déclivité du sol, sa constitution géologique, la latitude, le voisinage de la mer, la nature des cultures environnantes, etc., etc.

On a fait de vains efforts pour donner à l'appréciation de cette influence une base certaine. Parmi les circonstances qui sont de nature à aggraver les effets de la dénudation d'un terrain, la pente est, sans doute, une des moins contestables. On ne saurait cependant, sans s'exposer à dé graves erreurs, l'adopter pour caractériser les cas où le déboisement serait funeste. La pente n'est qu'un des éléments du problème à résoudre. Elle n'est même pas indispensable pour que le défrichement puisse être désastreux, et le serait-elle, qu'elle ne ferait que restreindre le champ des appréciations sans les rendre plus faciles; car il y a pentes et pentes : les unes sont dangereuses, les autres ne le sont pas; la même pente, redoutable dans certaines conditions géologiques ou climatériques, cessera de l'être si ces conditions changent. Le versant d'une montagne ne se constitue pas avec une déclivité uniforme; les mouvements du terrain y présentent, dans des limites très-rapprochées, tous les degrés d'inclinaison, ceux qui ne contribueraient pas sensiblement à accélérer la vitesse des eaux et la dégradation du sol, alternant avec ceux qui causeraient inévitablement des éboulements, si les bois ne s'y opposaient. Faudra-t-il que la faculté de défricher suive toutes ce inégalités? — Ce serait absurde.

Considérées dans les produits matériels qu'elles fournissent à la société, les forêts ont une importance qui n'est ni moins variable, ni moins difficile à caractériser, parce qu'elle est subordonnée à des conditions économiques qui, elles aussi, sont très-nombreuses et très-complexes.

Qu'un défrichement ait lieu dans une plaine riche et fertile, sillonnée par des voies de communication qui y amènent à bon marché les matériaux de construction et le combustible, à proximité d'une ville ou d'un centre industriel, qui donne aux produits agricoles une haute valeur et de grands débouchés, ce défrichement n'aura que des effets avantageux.

Qu'un défrichement s'effectue dans une localité où l'agriculture a plus de terre qu'il ne lui en faut, et où l'état des voies de communication ne permet de transporter qu'à grands frais, les matières encombrantes, telles que le bois et la houille; si ce défrichement n'affecte que la fortune ou le bien-être d'un petit nombre d'individus, du propriétaire, par exemple, et des ouvriers qu'il occupait à l'exploitation de son bois, malgré ses fâcheux résultats, il restera dans la catégorie des faits purement privés.

Si des défrichements semblables devaient, au contraire, se faire sur une grande échelle et compromettre les moyens d'existence ou la satisfaction des besoins d'une classe nombreuse de la population; s'ils tendaient à priver brusquement une branche d'industrie du principal agent de la fabrication; s'ils étaient en un mot de nature à porter le trouble dans la société, ils mériteraient d'attirer l'attention du gouvernement, l'acte qui les préviendrait, serait un acte d'utilité publique.

Tout cela, dira-t-on, est bien vague. Nous sommes loin de le nier; mais, encore une fois, on chercherait vainement à définir d'une manière précise ce qui est ou ce qui n'est pas d'intérêt public, et à fixer les limites dans lesquelles un dommage doit se renfermer, pour ne pas nuire à cet intérêt.

On avait cru trouver la solution du problème dans le chiffre de revenu. Si un hectare de bois peut se louer plus de 30 fr., il y aurait, suivant M. Passy, intérêt à le cultiver, non-seulement pour le propriétaire, mais pour la généralité des citoyens; « car, ajoute-t-il, il y a production d'une richesse supérieure, quand on fait rendre à 1 hectare une valeur plus considérable que celle qu'on en obtenait avant sa transformation; en sorte que, par exemple, si 1,000,000 d'hectares de forêts, produisant annuellement 30,000,000 fr. en bois, venaient, par la culture, à être loués 50 fr. l'hectare, il y aurait un revenu de 50,000,000 fr. et la richesse du propriétaire, c'est-à-dire la richesse générale, serait augmentée de 20,000,000 de revenu (1).

Si ce calcul était vrai, ce n'est pas à défricher les bois qu'on devrait songer, c'est à les améliorer, car il en est bien peu dont il ne serait pas possible de tirer plus de 30 fr. par hect. en les exploitant en futaie; mais ce mode d'exploitation qui est susceptible de faire produire à une forêt le revenu le plus élevé, et qui satisfait par conséquent à l'intérêt général, est, comme nous avons déjà eu l'occasion de le faire observer, celui qui répond le moins aux exigences de l'intérêt privé. Dans telle forêt où l'Etat récoltera 6 à 8 mètres cubes par hectare, valant au moins 120 à 160 fr., le particulier s'arrangera de manière à ne récolter que 3 à 4 stères de bois de feu valant tout au plus 12 à 15 francs.

On voit par là que la richesse générale n'est pas toujours exprimée par celle des propriétaires, et que le fondement de l'une n'est pas, dans tous les cas, le fondement de l'autre.

Toutefois, comme on ne saurait raisonnablement assujettir les particuliers à un mode d'exploitation qui les léserait, on peut se demander si, en présence du faible revenu que procurent leurs forêts, il ne serait pas avantageux, pour la société comme pour eux, de remplacer la culture forestière par une culture productive d'un revenu pécuniaire

(1) Voir le Rapport lu par M. Passy à la séance du 18 mai 1853, de la Société centrale d'agriculture.

plus élevé, et si la solution de M. Passy n'est pas, en définitive, meilleure que nous ne l'avions pensé tout d'abord.

Pour répondre à cette question, nous nous bornerons à montrer les conséquences qu'entraînerait l'affirmative.

Les bénéfices du défrichement sont connus, ils ont été constatés à toutes les époques où des aliénations de bois de l'Etat ont eu lieu. En 1831, le ministre des finances déclarait que l'autorisation de défricher avait suffi pour élever de 30 pour 100 le prix moyen des ventes. M. Beugnot, dans son rapport déjà cité, estime que la prohibition de défricher déprécie d'un tiers la valeur de la propriété. D'après un très-grand nombre d'estimations de bois auxquelles nous avons coopéré après la révolution de 1848, la plus-value donnée à ces bois par l'autorisation de défricher était de 35 p. 100.

Mais s'il en est ainsi, et si l'intérêt de la société souffre, autant que celui des propriétaires, de cette différence d'un tiers qui existe entre la valeur des terrains boisés et celle qu'auraient ces terrains, s'ils étaient défrichés, il serait donc à souhaiter que ces propriétés fussent immédiatement transformées en champs cultivés! Or, qui ne voit les conséquences déplorables qu'aurait cette subite transformation?

On nous objectera certainement que nous nous plaçons dans une hypothèse impossible et absurde; que les défrichements ne se feraient pas tous à la fois; que les premiers effectués produiraient une hausse dans le prix des produits ligneux, élèveraient par suite la valeur des bois restants au niveau, sinon au-dessus, de celle des terres cultivées similaires, et assureraient ainsi la conservation de ces bois, en supprimant l'avantage qu'il y avait à les défricher.

Ces objections adressées à une supposition impossible, reposeraient elles-mêmes sur un fondement fort incertain :

Ce n'est pas parce qu'il est trop abondant que le bois est à si bas prix, c'est à cause de la concurrence que lui fait le combustible minéral; le vide produit dans l'offre, par le défrichement, serait immédiatement rempli par ce combustible, et, dès lors, la hausse sur laquelle on compte, ne se réaliserait pas. Admettons néanmoins qu'elle se réalisât. Nous demandons si le sacrifice que cette hausse imposerait aux consommateurs, ne devrait pas être déduit du bénéfice qui résulterait pour eux de l'augmentation du revenu des terrains défrichés. L'affirmative est indéniable, et, en conséquence, il n'est pas permis de dire que l'avantage d'un défrichement serait exprimé, pour la société, par la plus-value que cette opération donnerait à la propriété.

Enfin, et c'est là notre principal argument, si sur les bois qui ont un revenu inférieur à celui des terres cultivées, il y en a une portion quelconque dont la conservation serait utile, en prévision de l'augmentation de valeur que l'avenir leur réserverait, on ne peut donc pas présenter cette infériorité de revenu, comme un moyen sûr de reconnaître, à un moment donné, si un bois mérite ou non d'être défriché.

Concluons que le revenu comparé des différentes cultures dont un terrain est susceptible, est un élément bon à consulter dans l'étude de la question dont nous nous occupons, mais qu'il ne saurait, à lui seul, fournir la solution désirable. Concluons que cette question n'est pas de celles auxquelles s'appliquent des règles fixes, absolues : la nature et la complication des éléments qu'elle embrasse, s'y opposent. Elle ne peut être traitée que d'une manière empirique. Elle doit, en mot, être abandonnée à l'appréciation arbitraire, et, en conséquence, ce n'est pas par une formule mathématique qu'on parviendra à la résoudre, c'est en la soumettant à des hommes d'un esprit droit, éclairé et impartial.

Ainsi, nous avons en France des bois dont le défrichement serait avantageux ; nous en avons dont la conservation est désirable ; nous en avons dont la conservation est nécessaire : leur classement ne peut être déterminé que d'après l'examen judicieux des circonstances locales, il échappe à toute règle fixe.

Quelles mesures conviendrait-il de prendre pour assurer, d'une part, la conservation des bois dont la disparition serait un malheur public, et pour favoriser, de l'autre, le maintien de ceux dont les avantages, quels qu'ils soient, n'ont pas un caractère d'utilité sociale? — Il est temps de s'en occuper :

Ces mesures ne sauraient être uniformes. Elles doivent nécessairement varier suivant la catégorie des propriétaires, et l'espèce des produits qu'il est permis d'attendre d'eux.

Il y en a cependant qui sont applicables à tous les bois : ce sont celles qui auraient pour résultat d'augmenter leur revenu net.

Parmi les causes qui discréditent cette propriété, la faiblesse de son revenu net est une des plus graves. On doit lui attribuer principalement les aliénations des forêts de l'État, les plaintes des communes, le désir ardent qui pousse les particuliers aux défrichements. On doit lui attribuer, en grande partie, les déboisements considérables qui se sont faits dans les montagnes, c'est-à-dire dans les localités où ils étaient le plus dommageables, et ce, au mépris de la loi. C'est qu'il n'y a pas de loi qui puisse assurer la conservation d'une forêt, lorsque le revenu de celle-ci descend au-dessous d'une certaine limite, s'abaisse, par exemple, au niveau du prix de location des pâturages voisins. Une transformation de culture, qui exige qu'on fouille le sol pour en extraire les souches, qu'on le laboure ensuite et qu'on l'ensemence, entraîne, par cela même, des actes matériels, qui ne sauraient échapper à la vigilance de l'administration, et à la peine portée par la loi; mais, une transformation, qui se réalise par la seule introduction d'un troupeau dans un bois, défie la surveillance des gardes et les rigueurs du code, et cela est si vrai que, malgré la prohibition de défricher, le déboisement a mis à nu, dans les montagnes, 1,214,592 hectares dont 714,846 hect. aux communes et 499,746 hect. aux particuliers (1).

Pour conjurer à l'avenir de semblables dégradations, pour donner de l'efficacité aux autres mesures que la conservation des bois exigerait, il faut affranchir la propriété forestière des charges qui l'accablent et la couvrir d'une protection véritable. Une loi sur le défrichement ne sera bonne qu'à la condition de s'appuyer sur cette base :

1° Révision des tarifs de la douane, des octrois, des chemins de fer et des canaux ;

2° Organisation d'une législation sévère et applicable contre le maraudage;

3° Diminution de l'impôt foncier;

4° Amélioration des chemins et cours d'eau qui relient les forêts aux grandes voies de communication;

5° Réglement du régime des eaux dans un sens favorable au flottage des bois.

Tels sont les points qui appellent des réformes, et qui permettraient de relever facilement le revenu net de la propriété forestière au niveau de celui des autres cultures.

La révision des tarifs, la diminution de l'impôt, l'organisation d'une législation efficace, sont des réformes dont nous avons déjà justifié l'urgence et l'utilité. L'amélioration des voies de vidange et du régime des cours d'eau n'est pas moins urgente, et ne serait pas moins utile. Il importe surtout de faciliter l'usage des ruisseaux et des rivières aux propriétaires de bois. Le flottage est aujourd'hui entravé dans la plupart des localités, non-seulement par des obstacles naturels, mais principalement par le mauvais vouloir des propriétaires riverains, et par les exigences plus ou moins fondées des industriels qui possèdent des usines sur le bord des

(1) Rapport sur le reboisement adressé par le directeur général des forêts au ministre des finances, le 17 mai 1845.

cours d'eau. Il serait possible de concilier ces divers intérêts, et il est essentiel d'y songer. On peut dire, sans exagération, que l'avenir de la propriété forestière y est engagé.

Bien des gens n'attendent l'amélioration de cette propriété que du renchérissement de la matière ligneuse. Cette espérance est chimérique, et c'est fort heureux, car, elle ne se réaliserait qu'au prix d'incalculables souffrances.

On peut et on doit augmenter la rente que fournissent les bois, en diminuant leur prix de revient. Ce moyen est le seul qui se concilie avec l'intérêt privé et l'intérêt général, le seul qui soit de nature à encourager les reboisements, et à faire supporter légèrement la restriction au droit de propriété, dans le cas où il serait nécessaire de la maintenir. Cette restriction serait alors véritablement tutélaire. Elle ne gênerait le propriétaire que pour l'empêcher de faire une chose contraire à son intérêt bien entendu.

Voilà quelles seraient les premières mesures à prendre ; voici les autres :

Nous avons prouvé que la production ne suffit plus aux besoins de la consommation ; que les bois de construction sont ceux dont la pénurie est le plus regrettable ; qu'il n'y a presque rien à attendre des bois de particuliers pour remédier à cette situation.

Il serait donc utile de rappeler à l'administration les prescriptions de l'article 68 de l'ordonnance réglementaire, et de la mettre à même d'aménager en futaie, dans le plus court délai possible, les forêts qui appartiennent à l'État.

De cette manière, on parviendrait à augmenter, dans une notable proportion, la quantité et la qualité de notre production forestière, et, chose également désirable, on améliorerait sensiblement les conditions économiques dans lesquelles sont placés les bois des particuliers, en diminuant et en régularisant la concurrence que leur font les forêts de l'État, pour les combustibles.

Ces bois de particuliers seraient alors dégagés du plus grand nombre des entraves, qui en rendent aujourd'hui la culture, si peu lucrative et quelquefois si onéreuse ; leur revenu net s'accroîtrait promptement, et cette heureuse circonstance suffirait, probablement, pour assurer leur conservation dans beaucoup de cas. Toutefois, il est facile de prévoir, d'après nos observations sur les lois particulières et spéciales qui régissent la production forestière, que, dans notre opinion, cette élévation du revenu net, en admettant qu'elle portât ce dernier au-dessus de celui des terres arables similaires, ne présenterait pas une garantie assez certaine, pour qu'il fût prudent de lui abandonner l'avenir des bois, dont la conservation serait reconnue indispensable dans l'intérêt général.

Pour ces bois, la prohibition devrait être maintenue. — Consacrons quelques instants à la justifier :

Les partisans les plus ardents de la liberté n'ont jamais repoussé complétement la prohibition, ils l'ont toujours voulue pour les bois en montagne, ce qui prouve qu'ils ne se fient pas eux-mêmes entièrement au stimulant de l'intérêt privé. Nous, nous la croyons nécessaire, non-seulement pour les montagnes, mais quelquefois pour les plaines; non-seulement pour les bois qui ont de l'importance sous le rapport de la climatologie, mais pour ceux qui n'en ont que par leurs produits, lorsque l'absence de ces produits pourrait troubler l'ordre public.

Au point de vue de la climatologie, notre opinion n'est pas contestable. Les produits qu'on attend des bois, sous ce rapport, sont des produits indirects, immatériels, qui n'ont pas de valeur vénale, et qui ne sauraient, dès lors, exercer aucune influence sur la destination que les propriétaires donneraient à leurs bois, s'ils étaient libres de la choisir.

Au point de vue économique, voici pourquoi la prohibition se justifie :

C'est que les causes qui menacent la conservation des bois placés entre les mains des particuliers, ne sont pas toutes renfermées dans ce fait que les bois rapportent, moyennement, moins que les autres cultures. Elles sont, en partie, indépendantes du prix de la matière ligneuse; elles résident surtout dans la durée du temps qu'exige la production forestière, durée qui ne permet pas de subordonner cette dernière aux exigences inconstantes de la consommation, au principe si connu de l'offre et de la demande. Nous avons vu, tout à l'heure, que la différence constatée, entre le revenu net d'un bois et celui d'une terre similaire, n'était pas toujours l'indice de la préférence qu'il y avait lieu d'accorder à l'une ou l'autre de ces cultures, à un moment donné. Supposons pourtant que ce soit là un signe certain : serait-il rationnel d'en conclure qu'en laissant le propriétaire libre d'adopter la culture qui lui convient le mieux, on ne compromet pas les intérêts généraux? — Évidemment non, car, si la différence de revenu est aujourd'hui contre le bois, ce bois sera défriché, et si l'année prochaine la différence change, on aura beau faire, on ne reconstituera pas le capital qu'on aura détruit. Rien de mieux que le principe de l'offre et de la demande, lorsqu'il suffit que la demande se présente pour que l'offre arrive, soit immédiatement, soit assez vite pour que le besoin qui l'appelle ne soit pas forcé d'aller se munir ailleurs; mais pour une culture comme celle du bois, culture qui ne donne ses fruits qu'après une ou plusieurs générations, pour un capital comme celui-là, qu'on détruit en un instant, et qu'il est si long et si coûteux de reconstituer, cette loi de l'offre et de la demande est inapplicable.

« On a vu généralement le nombre des demandes en défrichement » augmenter ou diminuer, selon que les adjudications de bois s'étaient » faites dans les années précédentes, avec une forte baisse ou avec une » hausse notable. »

Ces lignes sont extraites du rapport déjà cité, en date du 22 novembre 1845, de M. le directeur général des forêts.

Ainsi, l'intérêt privé n'offrirait une garantie contre le défrichement, que si le revenu des bois se maintenait constamment au-dessus de celui des autres cultures. Qu'une année de baisse survienne, baisse exceptionnelle, accidentelle, on défriche. La hausse reparaît l'année suivante, on regrette les défrichements; mais le mal est fait et le mal est irréparable.

Nous le répétons : le bois est une culture qui ne se soumet pas sans de grandes difficultés, à l'appropriation privée. En veut-on une dernière preuve? — Nous la trouvons dans la position sociale des détenteurs de la propriété forestière. Celle-ci appartient en grande partie à des personnes riches, et pourquoi cela? — C'est parce que le morcellement est pour elle une cause de ruine. On sait les inconvénients du morcellement pour les terres arables, les frais et les pertes résultant de la petite culture, l'impossibilité des améliorations qui en découle, etc. Ces inconvénients sont bien autrement graves pour les bois, ainsi qu'on va le voir : plusieurs enfants héritent de leur père un bois aménagé, ils se le partagent; chaque portion ne saurait fournir à son propriétaire un produit annuel, puisque la série complète des âges n'y existe plus. Pour qu'elle le pût, il serait nécessaire d'y rétablir un aménagement; mais on songe que rétablir un aménagement, cela demande du temps, de l'argent, des sacrifices, dont on ne sera peut-être pas dédommagé; on craint que les frais généraux ne diminuent pas dans la même proportion que le rendement. Alors que fait-on? — On cherche à se débarrasser, à tout prix, d'une culture qui est devenue aussi gênante, ou bien, on essaie d'en tirer, bon gré, mal gré, au mépris des lois de la végétation et d'une saine économie, les produits nécessaires aux usages quotidiens de la vie. Le bois se transforme en têtards, en émondes, quelquefois en broussailles.

Pour les terres cultivées, le morcellement se maintient dans certaines limites et entraîne des inconvénients réparables. Un assolement, possible seulement avec la grande culture, est-il détruit par la division d'une propriété ! — Il se reconstitue en même temps que la division cesse. Pour les bois il n'en est pas de même : un aménagement rompu ne se rétablit plus ; la propriété forestière se reconstitue quant à l'étendue, elle ne le fait pas quant à l'état de la superficie.

Les bois ne pourraient être utilement gérés par les particuliers que si l'association venait remédier aux inconvénients de la subdivision de la propriété. Jusque là, il est bon, il est prudent de prévenir, par une loi prohibitive, les conséquences tôt ou tard inévitables de la difficulté avec laquelle ils se plient aux exigences de la culture individuelle.

L'essentiel est de réduire autant que possible, et dans les limites d'une nécessité bien constatée, les sacrifices qu'il y a lieu d'imposer à cet effet au droit de propriété. Or, pour cela, les vices que nous avons signalés dans les réglements actuels nous indiquent ce qu'il y a à faire :

Ces réglements sont mauvais, parce qu'ils livrent la propriété à l'arbitraire d'un ministre. —A cet arbitraire, il faut substituer l'avis d'une commission, dans laquelle tous les intérêts, ceux de l'Administration, ceux de la propriété, de l'industrie et de l'agriculture, auront leurs représentants.

Ces réglements sont mauvais, parce qu'ils comportent des appréciations partielles, incomplètes, insuffisantes. — Il faut faire, en une fois, pour les forêts envisagées dans leur ensemble ce qu'on fait, peu à peu, parcelle par parcelle.

Ces réglements sont mauvais, parce qu'ils placent la propriété forestière dans un état d'incertitude. — Il faut que les commissions précitées procèdent à un classement général et définitif des bois à maintenir sous l'empire de la prohibition.

Enfin, la loi actuelle est injuste, parce qu'elle ne prévoit pas d'indemnité spéciale pour les bois qu'elle soumet à la servitude. — Il faut, indépendamment des améliorations générales que réclame la situation des bois, accorder, s'il y a lieu, à ceux qui seront classés dans la réserve, des immunités spéciales que les commissions chargées du classement auront à étudier.

Telles sont les mesures qu'il conviendrait d'ajouter à celles que nous avons déjà mentionnées.

Le nouveau régime comprendrait donc, en résumé, les dispositions suivantes :

1° Amélioration des conditions de la propriété forestière ;

2° Aménagement en futaie des bois de l'État ;

3° Reconnaissance et classement de la portion du sol forestier dont l'intérêt public, à quelque point de vue que ce soit, exige la conservation ;

4° Défense absolue de défricher, *pour cette portion,* sauf révision du tableau de classement tous les 10 ou 20 ans ;

5° Faculté de défricher, *pour le surplus.*

Parmi les objections que ce projet soulèvera peut-être, s'il ne passe pas tout à fait inaperçu, il y en a quelques-unes qu'il n'est pas difficile de prévoir et sur lesquelles nous ferons, en terminant, quelques observations.

On se récriera d'abord sur le temps que demanderait l'exécution de l'espèce de cadastre forestier que nous proposons d'effectuer ; on se récriera surtout sur les difficultés de l'opération. — A cela nous répondrons :

Si la conservation des bois est une chose sérieuse, si elle intéresse véritablement la société, non-seulement dans le présent, mais dans l'avenir ; si elle mérite d'être rangée, comme on se plaît à le répéter, parmi les grands devoirs du gouvernement, ce n'est pas par une question de temps que l'on doit se laisser arrêter, quand il s'agit de l'assurer par un régime rationnel et satisfaisant.

Quant aux difficultés d'appréciation, nous les reconnaissons, mais nous sommes convaincu toutefois qu'elles s'amoindriront beaucoup dans l exécution, et que les doutes qui s'élèveront sur le caractère d'utilité publique de tel ou tel massif, seront plus rares qu'on ne pense ; au reste, il ne faut pas oublier, — et cette raison doit couper court à toute hésitation — que l'on n'échappe pas par le *statu quo* aux difficultés dont il s'agit, et que ces problèmes si ardus, relatifs au climat, à la conservation du sol, à la consommation, on est bien obligé de les aborder et de les résoudre, lorsqu'un propriétaire demande l'autorisation de défricher.

Le tout est de savoir si un classement général des bois à maintenir sous l'empire de la prohibition, effectué par des commissions dans lesquelles tous les intérêts et toutes les lumières seront représentés, ne serait pas préférable aux reconnaissances partielles circonscrites et insuffisantes auxquelles on procède aujourd'hui.

Ainsi posée, la question ne se discute pas.

On nous reprochera certainement ensuite de ne pas faire à la liberté une part assez large. Nous croyons que, sur ce point encore, le résultat du classement nous justifierait, en ce sens qu'il affranchirait de toute restriction une grande portion du sol forestier; mais il est vrai que, contrairement à une opinion qui a été soutenue avec beaucoup de talent, nous regardons la prohibition comme nécessaire dans certains cas. Il est vrai que nous n'avons pas dans la sagesse des populations une assez grande confiance pour lui livrer l'intérêt social qui se rattache à la conservation des bois. Nous avons donné les raisons de nos craintes à ce sujet. Elles sont puisées dans les lois spéciales qui régissent la production forestière. Ces lois spéciales veulent un régime spécial: les faits et le raisonnement en constatent la nécessité.

Depuis que l'Administration accorde plus facilement les autorisations, le chiffre des défrichements annuels suit une progression très-prononcée et très-significative. La moyenne des défrichements a dépassé, dans les treize dernières années (de 1841 à 1853 incl.), 9,000 hect. Elle avait à peine atteint 7,000 hect. dans les treize années précédentes (de 1828 à 1840.) (1).

L'histoire nous dit assez, d'ailleurs, ce que deviendrait notre pays si, par un respect exagéré pour les droits de la liberté individuelle, on confiait à celle-ci les destinées d'un élément aussi précieux que le bois pour le développement et la prospérité des empires. L'incurie et l'imprévoyance des hommes, sous ce rapport, se sont manifestées par de terribles effets, sur toutes les portions du globe, et il n'y en eut jamais de plus richement dotées par la nature, où ont fleuri les anciennes civilisations. L'Asie mineure, la Grèce, l'Archipel, la Syrie et l'Egypte ont depuis longtemps perdu, avec les forêts qui les ombrageaient, tous les bienfaits que semblaient leur promettre l'inaltérable sérénité de leur ciel et la fécondité de leur sol.

Sans remonter aussi haut dans le temps, on trouve dans l'histoire moderne dix exemples pour un, de la redoutable insouciance avec laquelle les peuples épuisent, lorsqu'on les laisse faire, les sources auxquelles s'alimentent leur puissance et leur grandeur. Nous n'en citerons qu'un seul :

On sait que pendant fort longtemps le charbon végétal a été l'unique combustible employé au traitement du fer et à celui de tous les autres métaux. L'épuisement des forêts en a été la conséquence naturelle, et c'est en Angleterre que ses premiers effets se sont fait sentir. On y vit les fourneaux au bois s'éteindre, les uns après les autres, avec une effrayante rapidité, au moment même où ils se multipliaient sur le continent. Dans ces circonstances fatales, l'importation des fers étrangers, et, particulièrement, de ceux de la Suède qui leur dut en grande partie

(1) Voir aux pièces justificatives, note O.

le développement de sa principale industrie, fut la seule ressource de l'Angleterre; mais elle faisait en même temps les plus grands efforts pour sauver ses usines d'une ruine complète, et pour annuler les entraves de toute espèce que la nécessité de se pourvoir au dehors, apportait à son indépendance politique, et à ses vues sur l'exploitation commerciale de tous les marchés du monde.

L'idée de substituer au charbon de bois le charbon minéral que l'on exploitait à Newcastle, depuis le XIIIe siècle, et qui, depuis cette époque, avait été consacré, dans la plus grande partie de l'Europe, aux travaux de la maréchalerie, se présenta naturellement.

Dès 1612, la réalisation de cette application fut tentée par Simon Startevant, puis, en 1613 par John Raverson, mais sans aucun résultat. En 1615, Dudley fit de nouveaux efforts qui furent couronnés par un éclatant succès.

« En 1788, il existait déjà en Angleterre et en Ecosse 55 hauts-fourneaux au coke qui produisaient 51 mille tonnes de fonte par an; en 1796, le travail au charbon de bois était entièrement abandonné et les 121 fourneaux au coke, qui existaient alors, donnaient 124 mille 879 tonnes de fonte. En 1839, la production avait atteint l'énorme chiffre de 1 million 248 mille tonnes. »

Ce fait curieux, que nous empruntons au traité de métallurgie de MM. Flachat Barrault et Petiet, renferme un enseignement que nous n'avons pas besoin de développer. Les dangers d'une liberté individuelle sans contre-poids, sans règle et sans contrôle, s'y manifestent avec des caractères non équivoques. Une découverte inespérée les a conjurés au cas particulier, mais, certes, il faut bien reconnaître que l'intérêt privé des métallurgistes anglais n'avait rien négligé pour compromettre la puissance et l'avenir de leur pays. Que serait aujourd'hui l'Angleterre, si Dudley était venu au monde cent ans plus tard ? — C'est une question que nous posons aux partisans exclusifs et passionnés de la théorie du *laisser faire, laisser passer*.

Mettons donc de côté toutes ces doctrines qui, ne tenant aucun compte des exigences variables des faits, et, sollicitées par la logique de la raison pure, voudraient réaliser dans la pratique, cette unité de règles et de principes, qu'on ne trouve que dans le domaine de l'abstraction. Voyons enfin les choses comme elles sont, et non comme elles devraient être. Or, les choses, comme elles sont, veulent que les forêts dont l'utilité sociale exige la conservation, ne soient pas abandonnées à l'imprévoyance individuelle, et restent sous la protection de la loi.

NOTES ET PIÈCES JUSTIFICATIVES.

Note générale. — Nous prévenons nos lecteurs que nous n'avons pas la prétention de traiter, dans les notes suivantes, toutes les questions que soulève le défrichement; nous ne voulons que les indiquer, cela suffit au but que nous nous sommes proposé. Il n'y a, d'ailleurs, pour ainsi dire, pas une de ces notes qui ne pût faire l'objet d'un livre.

NOTE A.

Sur l'influence des bois au point de vue climatologique.

La connaissance de l'étendue des forêts, comparée à la surface nue ou couverte d'herbes et de graminées, est un des éléments numériques les plus intéressants et les plus négligés de la climatologie d'un pays.

(De Humbolt, *Asie centrale*, t. III.)

Citons à l'appui de cette grande vérité quelques preuves applicables aux faits principaux que nous avons signalés.

Torrents. Qu'est-ce qu'on entend par le mot torrent ? D'après M. Surrel, c'est un cours d'eau qui affouille dans une partie déterminée de son cours, qui dépose dans une autre partie, et qui divague par suite de ce dépôt. M. Gras dit que c'est un cours d'eau dont les crues sont subites et violentes, les pentes considérables et irrégulières, et qui, le plus souvent, divague dans une partie de son cours, par suite du dépôt des matières de transport.

Veut-on connaître les terribles allures et les épouvantables effets de ce fléau ?— Voici comment le savant et regrettable M. Blanqui les a décrits dans sa brochure intitulée : *Du déboisement des montagnes :*

Le sol, dépouillé d'herbes et d'arbres par l'abus du pacage et par le déboisement, porphyrisé par un soleil brûlant, sans cohésion, sans point d'appui, se précipite alors dans le fond des vallées, tantôt sous forme de lave noire, jaune ou rougeâtre, puis par courants de galets, et même de blocs énormes qui bondissent avec un horrible fracas, et produisent dans leur course impétueuse les plus étranges bouleversements. Lorsqu'on examine d'un lieu élevé l'aspect d'une contrée ainsi ravinée, elle présente l'image de la désolation et de la mort. D'immenses lits de cailloux roulés, de plusieurs mètres d'épaisseur, couvrent au loin l'espace, débordent sur les plus grands arbres, les cernent, les couvrent jusqu'au sommet, et ne laissent pas même au laboureur une ombre d'espérance. Il n'y a rien de plus triste à voir que ces échancrures profondes des flancs de la montagne, qui semble avoir fait éruption sur la plaine pour l'inonder de débris. A mesure que ces flancs se creusent sous l'action du soleil qui réduit le roc en atomes, et de la pluie qui les charrie, le lit du torrent s'exhausse quelquefois de plusieurs mètres par année, jusqu'au point d'atteindre le tablier des ponts, et de les emporter. On distingue à de grandes distances, au sortir de leurs gorges profondes, ces torrents, étalés en éventails de 3,000 mètres d'envergure, bombés vers leur centre, inclinés sur leurs bords, et s'étendant comme un manteau de pierres sur toute la campagne.

Telle est leur physionomie quand ils sont à sec. Mais la parole humaine ne saurait décrire leurs ravages en termes capables de les faire comprendre, au moment de ces crues subites qui ne ressemblent à aucun des accidents ordinaires du régime des eaux fluviales. Ce ne sont plus des rivières débordées, mais de véritables lacs roulant en cataractes, et poussant devant eux des masses de pierres chassées par le flot, comme des projectiles par le feu de la poudre. Quelquefois ces murs de cailloux s'avancent seuls, sans être accompagnés d'une nappe d'eau visible, et leur bruit est plus fort que celui du tonnerre. Un vent violent les précède et annonce leur approche ; puis l'on voit arriver des vagues d'eau bourbeuse, et, au bout de quelques heures, tout est rentré dans le morne silence qui plane sur ces lieux. Mais ces crues désastreuses ont produit aussi les effets les plus singuliers ; parfois le torrent déchaîné est tombé à angle droit sur une rivière, et l'a forcée par le choc de remonter vers sa source ; ailleurs, deux torrents, descendant l'un vers l'autre de deux pentes opposées, se livrent, dans le lit même de la rivière qui les sépare, un combat gigantesque, et se mitraillent de leur lave de cailloux. Ils affouillent profondément les terres sur leur passage, les charrient au loin, pour atterrir plus loin encore, et transporter les héritages broyés et dispersés dans la campagne. Je ne donne ici qu'une imparfaite idée de ce fléau des Alpes, dont les ravages s'accroissent à vue d'œil *sous l'influence du déboisement*, et qui transforme, chaque jour, en stériles solitudes une partie de nos quatre départements frontières......

Est-il nécessaire de prouver que le déboisement est la cause principale de la formation et du développement des torrents ?— Laissons parler M. Surrel :

Lorsqu'on examine les terrains au milieu desquels sont jetés les torrents d'origine récente, on s'aperçoit qu'ils sont toujours dépouillés d'arbres et de toute espèce de végétation robuste. Lorsqu'on examine, d'une autre part, les revers dont les flancs ont été récemment déboisés, on les voit rongés par une infinité de torrents du troisième genre qui n'ont pu évidemment se former que dans ces derniers temps. Voilà un double fait bien remarquable : *partout où il y a des torrents récents, il n'y a plus de forêts, et partout où l'on a déboisé le sol, les torrents récents se sont formés.*
(*Étude sur les torrents*, p. 129.)

Mais si le déboisement provoque la formation des torrents, le reboisement est susceptible d'éteindre les torrents déjà formés.

En examinant les bassins de réception des grands torrents éteints, on y découvre le plus souvent des forêts épaisses.

On remarque aussi le long des versants boisés une multitude de torrents de troisième genre, qui paraissent comme étouffés sous les masses de la végétation, et sont complétement éteints. Or, cette seconde observation, qui peut être vérifiée ici par une multitude d'exemples, démontre que *les forêts sont capables de provoquer l'extinction des torrents déjà formés...*

Parmi le grand nombre des torrents éteints dont les bassins sont boisés, il en est dont les forêts ont subi la loi commune, et sont tombées en partie sous la cognée des habitants ; eh bien ! le résultat de ces déboisements a été de rallumer la violence des torrents qui n'était qu'assoupie, et on a vu de paisibles ruisseaux faire place à de fougueux torrents. (*Idem*, p. 134.)

Les Landes et la Gironde envahies par les sables. — Les sables rejetés par l'Océan occupent, entre l'embouchure de l'Adour et celle de la Gironde, une longueur de 65 lieues, sur une largeur de 300 à 400 mètres. Ces sables sont presque entièrement quartzeux et très-fins. Quand le flux qui les a apportés s'est retiré, ils se sèchent rapidement, perdent toute adhérence et sont chassés dans l'intérieur des terres par le premier coup de vent d'Ouest. Au moindre obstacle, ils s'arrêtent, s'accumulent, forment un bourrelet, puis un monticule. La base de ce monticule est bientôt pénétrée et fixée par les eaux dont elle empêche l'écoulement dans la mer. La partie supérieure seule conserve sa mobilité, et se laisse transporter par un second coup de vent jusqu'à un nouvel obstacle où les mêmes effets se reproduisent, et c'est ainsi que le fléau s'avançait insensiblement, engloutissant les champs cultivés, les habitations, et poussant devant lui les populations épouvantées et ruinées. Bremontier avait calculé que la vitesse de ces sables était de 24 mètres par an ; des observations ultérieures faites par M. Laval, ingénieur des ponts et chaussées et publiées dans les Annales de cette administration (1847), ont réduit cette vitesse à 5 mètres. Quoi qu'il en soit, on était avec juste raison épouvanté du progrès de cette inondation terrible, la plus terrible de toutes, parce qu'elle ne lâche plus la proie qu'on l'a laissé prendre, et on prévoyait déjà l'époque où elle aurait envahi entièrement le riche territoire de Bordeaux, lorsqu'en 1788 Bremontier découvrit le moyen d'en arrêter la marche.

Personne n'ignore que ce moyen consiste dans le boisement des dunes ; mais ce qui est moins connu, c'est que ce moyen était pratiqué par les anciens. M. Laval a constaté dans des parties qui ont échappé au déboisement, une configuration qui indique la préexistance des dunes, et il suppose que les procédés employés pour la fixation des sables ont dû se perdre dans le ve siècle de notre ère.

Les propriétés désolées et souvent emportées par les inondations. — Les désastres causés, il y a quelques années, par le Rhône et la Loire, et tout récemment par le Rhin, ont fait une impression qui ne s'effacera pas de longtemps. Tout le monde est d'accord pour les attribuer en grande partie au déboisement des montagnes. Il est facile d'expliquer l'influence que l'absence ou la rareté des forêts doit avoir sur la divagation des cours d'eau. Les inondations ont lieu soit à l'époque de la fonte des neiges, vers le mois de juin, soit à l'époque des grands orages, à la fin de l'été. Pour qu'une rivière déborde, il faut donc qu'il se produise à l'origine de ses affluents, à un moment donné, et pour ainsi dire instantanément, une grande quantité d'eau. C'est la première cause, la cause principale du débordement, mais ce n'est pas toujours la plus grave. Il y en a une autre qui est souvent beaucoup plus énergique et qui consiste dans la différence de vitesse existant entre les eaux de la rivière et celles de ses affluents, à l'endroit où elles se réunissent. Les dernières ont ordinairement une bien plus grande vitesse acquise que les premières ; il en résulte qu'elles ne peuvent pas être débitées avec la promptitude désirable, et qu'elles s'élèvent beaucoup plus haut que ne le comporterait leur volume, si aucun obstacle ne s'opposait à leur écoulement.

Eh bien ! on conçoit que les bois soient susceptibles de prévenir d'une manière très-efficace la production de ces phénomènes. D'abord, ils entravent la formation instantanée d'une masse d'eau considérable, parce qu'ils retardent la fonte des neiges. Les forestiers savent tous que la neige se conserve dans l'intérieur des massifs beaucoup plus longtemps que dans les endroits qui ne sont pas protégés contre l'irradiation solaire. Dans les montagnes du Dauphiné où nous avons exercé pendant plusieurs années les fonctions de garde général, il nous est arrivé bien souvent de vérifier cette observation : au mois de juillet, quand nous étions en opération sur des plateaux situés à 1,800 ou

2,000 mètres au-dessus du niveau de la mer, il y avait encore de la neige dans les lieux couverts, et à côté, à la même hauteur, à la même exposition, l'herbe des prairies était déjà desséchée par la chaleur solaire.

Les bois affaiblissent donc la première cause des inondations; ils affaiblissent également la seconde, en diminuant considérablement la vitesse des affluents, qui, brisés à chaque instant par la multitude d'obstacles que leur présentent les tiges des arbres, arrivent à la rivière qu'ils alimentent avec une vitesse très-atténuée.

Les pluies et les neiges, lorsqu'elles tombent sur des cimes pelées, s'écoulent ou s'évaporent avec une vitesse extrême, au lieu de maintenir les fleuves et les rivières à des niveaux moyens, dont profiteraient les bateliers et dont se féliciteraient les propriétaires riverains ; elles produisent alors des crues subites, des inondations qui suspendent la navigation, dévastent les propriétés en les couvrant de graviers, et quelquefois les rongent et les entraînent ; puis, après les débordements viennent brusquement des basses eaux, qui ne cessent que de loin en loin et pour de courts délais à la faveur de quelque orage. Avec un déboisement déréglé, nos pays tempérés se rapprochent ainsi des régions méridionales, où il n'y a que des torrents pendant le printemps et l'automne, des filets d'eau imperceptibles au milieu d'un océan de sable pendant l'été, et jamais de rivières faciles et maniables.

Il ne s'agit pas de rendre le sol de la France aux forêts primitives. Parmi les déboisements effectués depuis cinquante ans, il y en a beaucoup qui seront profitables au pays..... mais on ne s'est malheureusement pas borné à découvrir ce qui, dans les vallées, pouvait être sillonné par la charrue, ou ce qui était appelé à former de gras pâturages; on a arraché les arbres de cantons stériles, où le bois seul devait croître ; on a imprudemment livré à la hache les flancs et les cimes de nos montagnes...

(*Des intérêts matériels de la France*, par Michel Chevalier, p. 146.)

On peut concevoir que le déboisement des montagnes qui a eu lieu depuis un siècle, sur une assez grande échelle, dans un grand nombre de pays, a dû contribuer à rendre les crues des fleuves plus fortes et leur étiage plus fréquent. Sur les pentes boisées, l'eau tombe de feuille en feuille sur un terrain couvert de débris végétaux, s'y insinue lentement, s'imbibe complétement et n'en sort qu'en filets, tandis que sur les pentes dénudées, elle court rapidement de haut en bas, se creuse des ravins où elle se rassemble, accroissant sa vitesse par sa masse.

(*Cours d'agriculture*, par M. de Gasparin, t. II, p. 145.)

Les amas énormes de terre végétale qui s'accumulent à l'embouchure.— Les dommages occasionnés par les inondations ne se bornent pas à la destruction des récoltes existantes. Les eaux déposent sur les terrains qu'elles envahissent, les matières qu'elles tiennent en suspension, et souvent ces matières consistent en une masse de cailloux roulés. Alors la ruine est complète. C'est là l'effet le plus redoutable des inondations. Les plaines de la Craue, en Provence, en présentent un exemple remarquable. La grosseur des matériaux que les eaux sont capables de charrier dépend de la vitesse de ces dernières. Quand cette vitesse n'est pas de 5 à 6 cent. par seconde, les eaux n'entraînent que des particules très-tenues ; avec une vitesse de 15 cent, elles entraînent des sables de 1 m.m. de diamètre ; avec une vitesse de 1 mètre, elles entraînent des galets de 5 cent. Or, il y a des torrents qui ont une vitesse de plus de 14 mètres par seconde. Si l'on considère que la pente d'un cours d'eau est d'autant plus grande qu'on se rapproche davantage de sa source, on peut se faire une idée de la manière dont les matériaux qu'il tient en suspension, sont distribués sur les différents points de son parcours. Les galets les plus gros sont déposés les premiers, puis les sables ; les matières terreuses ou limoneuses sont entraînées dans les rivières, des rivières dans les fleuves, et vont former à l'embouchure de ceux-ci des atterrissements plus ou moins considérables, qui entravent la navigation et ajoutent à l'intensité des débordements, en opposant un nouvel obstacle à l'écoulement des eaux. La quantité de terre végétale qui vient ainsi s'accumuler, en pure perte pour l'agriculture, à l'embouchure des fleuves, est énorme et en raison composée, -- on se l'explique maintenant, — de la vitesse et du volume des eaux. Le Rhône, qui à l'étiage charrie 1 m. c. de limon par 7000 m. c. d'eau, en charrie 1 sur 230 pendant les grandes eaux. Le major Remmel estime que dans les fortes crues le Gange peut tenir en suspension un quart, en volume, de matières solides.

Toute cause qui tend à diminuer les crues et la vitesse des cours d'eau est donc une puissante garantie de conservation du sol arable.

Depuis 1737, époque où fut construite la tour de Saint-Louis, les atterrissements du Rhône se sont étendus à plus d'une lieue en mer.

Le déboisement et la mise en culture des pentes des Alpes et des Apennins formant le contour de l'immense bassin traversé par ce fleuve (le Pô) est un fait bien constaté Il s'est opéré graduellement dans le cours des cinq ou six derniers siècles; mais la violence des crues et la quantité de limon charriée par les eaux ont augmenté dans une proportion très-rapide. La nécessité de maintenir cette masse d'eau entre des digues en a encore augmenté les inconvénients.

Le fleuve traverse, à son embouchure, un vaste promontoire formé de ses propres alluvions. Du XIIe au XVIIe siècle, la longueur de l'accroissement annuel n'était que de 25 mètres par an ; elle a été de 70 mètres du XVIIe au XVIIIe siècle inclusivement.

L'état de ce fleuve est, dans les temps modernes, le plus grand exemple que l'on puisse citer des effets funestes du déboisement des montagnes.

(*Des usines sur les cours d'eau*, par M. Nadault de Buffon.)

Les écarts de température que l'on constate dans les pays dénudés. — On peut discuter la question de savoir si le déboisement est susceptible de modifier la température moyenne d'une contrée, mais on ne saurait méconnaître qu'il a pour conséquence de rendre les climats moins constants, plus variables, et, pour nous servir du terme consacré, *plus excessifs*.

Si l'on abattait un rideau de forêt sur les côtes maritimes de la Normandie et de la Bretagne, ces deux contrées deviendraient plus accessibles aux vents d'ouest, aux vents tempérés venant de la mer : de là une diminution dans le froid des hivers. Si une forêt toute pareille était défrichée sur la frontière orientale de la France, le vent d'est glacial s'y propagerait plus facilement et les hivers seraient plus rigoureux.

(Arago.)

Il faut conclure de ces paroles de l'illustre M. Arago, que si l'on abattait en même temps les forêts situées sur les côtes et celles qui se trouvent sur la frontière, les écarts de température deviendraient plus considérables, puisqu'il ferait tantôt plus froid tantôt plus chaud, selon le vent régnant.

Peu d'années après le semis ou la plantation d'arbres, surtout si les champs intermédiaires ont été mis en culture, la température ambiante est plus douce, moins agitée.

(*Exposé de la situation de la colonie de Grand-Jouan*, par M. Jules de Rieffel. — *Journal d'Agriculture pratique*.)

L'excessive sécheresse de l'Algérie et de la Provence. — Dans les régions méridionales, la sécheresse qui désole beaucoup de contrées, et entre autres le Provence et l'Algérie, n'a pas toujours pour cause la faible quantité des pluies annuelles, mais l'évaporation rapide qui résulte de l'absence des grands végétaux. L'eau évaporée qui, dans le nord de la France, est en moyenne, chaque année, de 7 à 800 m. m., s'élève dans le même temps, à Arles, à 2,563 m. m.

L'eau que les pluies versent sur le sol se divise en trois parts : l'une s'évapore, l'autre pénètre dans l'intérieur du sol, la troisième coule à la surface et se rend directement dans le fond des vallées. L'absence des bois a pour résultat de diminuer les deux dernières au profit de la première.

La rareté ou l'absence des forêts augmente à la fois la température et la sécheresse de l'air et cette sécheresse, en diminuant l'étendue des nappes d'eau évaporantes et la force de la végétation, réagit sur la chaleur du climat local.

(*Asie Centrale* de Humbolt, t. III, p. 196.)

Pour expliquer pourquoi l'Amérique est moins chaude que l'Afrique, le même auteur dit :

« Des forêts impénétrables qui abritent le sol contre les rayons du soleil couvrent les plaines bien arrosées de l'équateur, et répandent dans l'intérieur du pays, loin des montagnes et de l'Océan, des masses énormes d'eau, tant d'absorption que de végétation. (*Tableau de la nature*, t. I, p. 22.)

Ceux qui ont parcouru la péninsule savent combien, en Europe même, le peuple espagnol est ennemi des plantations qui donnent de l'ombre autour des villes et des villages. Il paraît que les premiers conquérants ont voulu que la belle vallée de Tenochtitlan ressemblât en tout au sol castillan, aride et dénué de végétation. Depuis le XVIe siècle, on a coupé inconsidérément tous les arbres...

Le manque de végétation expose le sol à l'influence directe des rayons du soleil, et l'humidité qui ne s'est pas perdue en filtrant... s'évapore rapidement ; elle se dissout dans l'air partout où le feuillage des arbres ou un gazon touffu ne défend pas le sol de l'influence du soleil et des vents secs du midi.

Cette cause étant la même dans toute la vallée, l'abondance et la circulation des eaux y ont sensiblement diminué. Le lac de Tezeuco, le plus beau des cinq lacs que Cortez, dans ses lettres, nomme habituellement une mer intérieure, reçoit de nos jours moins d'eau par infiltration qu'au XVIe siècle.

(*Essai historique sur la Nouvelle-Espagne*. — De Humbolt, t. II, p. 46.)

Il serait bien essentiel d'acquérir les forêts qui couvrent les sources nourricières du canal du Midi ; on a remarqué que ces sources ont considérablement diminué depuis que l'on a abattu les quarts en réserve des bois de Ramondens, Laboutière et Fontbrune.

(*Canal du Midi*, Andréossy, p. 250.)

En se fondant sur des faits météorologiques recueillis dans les régions équinoxiales, on doit présumer que les défrichements diminuent la quantité annuelle de pluie qui tombe dans une contrée. Indépendamment de la conservation des eaux vives, en mettant un obstacle à l'évaporation, les forêts en ménagent et en régularisent l'écoulement.

(*Economie rurale*, Boussingault. t. II, p. 735.)

Ces rocs pelés (il s'agit des montagnes de la Provence) ne fournissent point d'exhalaisons, ne présentent point aux nuages une surface fraîche qui les retienne et qui pompe leur humidité ; ces montagnes n'alimentent ni des ruisseaux qui les fertilisent, et ne fournissent pas non plus à l'air la matière des pluies douces et des rosées. On n'a que l'alternative de la sécheresse qui brûle ou des averses qui dévastent.

(*Voyage dans les Alpes*, de Saussure, t. III. p. 293.)

Les mêmes contrées où les vents à..... Les vents aggravent la sécheresse du climat, en activant l'évaporation. Dans le climat venteux de la vallée du Rhône, l'évaporation absorbe, d'après M. de Gasparin, le quart des eaux de pluie. Dans le même climat, l'évaporation est bien supérieure, à cause des vents secs et continus, à celle de l'Italie méridionale, où la température est cependant plus élevée. Les vents ont, d'ailleurs, une température propre, qu'ils communiquent à celle des régions qu'ils parcourent. Le simoun fait quelquefois monter le thermomètre, à l'ombre, à 50°.

Les phénomènes climatologiques dont nous venons de nous occuper se combinent, réagissent les uns sur les autres, sont alternativement cause et effet. On ne saurait préciser l'influence que les bois exercent sur chacun d'eux considéré isolément ; mais cette influence est reconnue par tous les savants, par tous les observateurs.

Voici comment Ramond apprécie les conséquences du déboisement des Pyrénées dans un mémoire intitulé : *De la végétation dans les montagnes*, et inséré dans le tome IV des *Annales du Muséum d'histoire naturelel* :

La température s'élève, les pluies sont plus rares et plus abondantes, les vents plus inconstants et plus fougueux, les torrents, les lavanges se multiplient, les pentes se sillonnent de ravins, les rochers se dépouillent de la terre qui les couvrait et des plantes dont ils étaient ornés. Tout vieillit avec une rapidité croissante, un siècle de l'homme pèse sur la terre plus que vingt siècles de la nature.

M. Héricart de Thury, dans un rapport adressé à la Société impériale et centrale d'Agriculture, cite, comme un des faits les plus concluants à l'égard de la nécessité de prévenir les défrichements, l'état de la Dalmatie :

Avant de tomber au pouvoir des Vénitiens, cette province comptait deux millions d'habitants ; ses montagnes étaient couvertes d'antiques forêts et ses vallées renommées pour leur fertilité. Les Vénitiens ayant détruit les forêts pour les besoins de leur marine, les montagnes n'offrent plus que des pics dénudés, le pays n'a plus que deux cent mille habitants, et il peut à peine les nourrir. Le déboisement des hauteurs a frappé de stérilité le sol des vallées par le tarissement des sources et l'action des vents desséchants.

La même cause a produit partout les mêmes effets. On trouve les lignes suivantes dans le livre intéressant publié par M. Huc, missionnaire-lazariste, sur la Tartarie, la Chine et le Thibet :

Vers le milieu du XVIIe siècle, les Chinois commencèrent à pénétrer dans ce pays (le royaume Ouniot, dans la Tartarie). A cette époque, il était encore magnifique ; les montagnes étaient couronnées de belles forêts, les tentes mongoles étaient disséminées çà et là dans le fond des vallées parmi de gras pâturages. Pour un prix très-modique, les Chinois obtinrent la permission de défricher le désert. Peu à peu la culture fit des progrès ; les Tartares furent obligés d'émigrer et de pousser ailleurs leurs troupeaux. Dès lors, le pays changea de face. Tous les arbres furent arrachés, les forêts disparurent du sommet des montagnes, les prairies furent incendiées, et les nouveaux cultivateurs se hâtèrent d'épuiser la fécondité de cette terre.

Maintenant ces contrées ont été presque entièrement envahies par les Chinois, et c'est peut-être à leur système de dévastation qu'on doit attribuer cette grande irrégularité des saisons qui désole ce malheureux pays. Les sécheresses y sont fréquentes. Presque chaque année, les vents du printemps dessèchent les terres. Le ciel prend un aspect sinistre, et les peuples effrayés sont dans l'attente de grandes calamités. Les vents redoublent de violence, etc., etc.

La Sologne, la Bresse... vouées à la stérilité et aux fièvres endémiques. — Le nombre d'habitants est par kil. carré, dans la Sologne, trois fois moins élevé que dans le reste de la France; suivant que la proportion des étangs s'élève, la population varie dans un rapport plus grand que celui du simple au double et la durée moyenne décroît d'un quart à un sixième... Dans les argiles compactes des cantons de la Ferté et de Sully, à grande distance des marnières, la misère et la fièvre agissent réunies. Le nombre d'habitants est inférieur, même à celui du Cher, et la vie moyenne se réduit aux deux tiers de la durée qu'elle atteint dans les terres marneuses de Loir-et-Cher. (Voir le rapport adressé en 1850 à M. le préfet du Loiret, par M. Machart ingénieur en chef des pont et chaussées.)

L'insalubrité, dans l'état actuel de la Sologne, est réelle; elle se manifeste par des fièvres intermittentes automnales.... La principale cause de ces maladies réside en même temps dans le sol imperméable de ces vastes landes où séjournent souvent longtemps, sans écoulement, les eaux des pluies, etc., etc...

Déjà dans les parties où des plantations ont pris une grande extension, leur effet se fait remarquer. Qu'on compare dans ces contrées, à la suite des pluies, le sol d'un plateau, même en apparence très-sablonneux, seulement couvert de bruyères et de plantes herbacées, avec celui d'un bois de pins convenablement éclairci : le premier restera longtemps humide, marécageux même par places, et ne perdra presque son humidité que par l'évaporation directe du sol; le second, profondément desséché, et on peut dire drainé par la succion, longtemps prolongée des racines profondes des pins, absorbera rapidement l'eau tombée à sa surface, et la rendra à l'atmosphère par la transpiration des feuilles. Aussi le sol reste-t-il presque toujours sec sous ces bois résineux, et leur action continue sur le dessèchement du sol et sur la salubrité des contrées environnantes ne saurait être révoquée en doute, sans parler de l'effet que la respiration elle-même de ces arbres peut avoir sur les effluves pernicieuses d'un sol marécageux.

(*Sur les plantations forestières dans la Sologne*, par M. Brongniart. — *Annales forestières*, tome X, page 282.)

L'influence des bois sur le dessèchement des marais, constatée par M. Brongniart, dans la Sologne, l'a été également dans les dunes de Gascogne.

NOTE B.

Sur l'importance de la conservation des bois compris dans la zone frontière.

Un décret du 16 août 1853 a déterminé l'étendue de la zone frontière et soumis à un examen rigoureux les projets dont l'exécution, dans l'intérieur de cette zone, intéresserait la défense du territoire. On lit dans le rapport qui accompagne ce décret :

La loi du 7 avril 1851 a exonéré, en principe, de toute surveillance militaire les chemins de grande et petite vicinalité, dans l'étendue de la zone frontière; mais elle a laissé au pouvoir exécutif le soin de déterminer dans cette zone, sous le nom de polygones réservés, les portions de territoire auxquelles cette exonération ne devait pas s'étendre. La délimitation de ces polygones réservés a été faite sur les lieux par les inspecteurs généraux du génie, et elle est rapportée sur la carte annexée au présent règlement. Ces polygones ont été réduits partout au strict nécessaire; néanmoins ils comprennent encore tous les grands obstacles naturels, fleuves, *forêts*, massifs de montagnes, etc., etc., qui bordent nos frontières, et qui, à diverses époques de notre histoire, *ont puissamment contribué à préserver le pays de l'invasion.*

NOTE C.

Sur les quantités de bois consommées soit par la marine militaire, soit par la marine marchande, pour la construction des coques de nos navires.

« Les besoins annuels de la marine militaire ont été évalués :

Par M. Lainé, à . . . . . 30,000 stères.
Par M. Bonnard, à 34,000
Par la marine (note des commissaires de la marine, du 15 janvier 1840), à. . . . . . . 34,188.

« Or, soit que l'on adopte l'une ou l'autre de ces évaluations, soit, ce qui serait plus rationnel, que l'on prenne pour l'expression des véritables besoins de la marine sa consommation annuelle qui, de 1820 à 1824, a été, en moyenne, de 40,325 stères, etc., etc. »

(Extrait du rapport sur le défrichement adressé, le 22 novembre 1845, au ministre des finances, par le directeur général des forêts, et inséré dans le t. X des *Annales forestières.*)

D'après M. Estancelin, ancien député (*Études sur l'état actuel de la marine*), l'entretien de notre flotte militaire exigerait chaque année 63,795 stères.

En adoptant le chiffre de la consommation moyenne annuelle, de 1820 à 1824, nous nous sommes évidemment renfermé dans les limites d'une extrême modération. Il n'est pas douteux qu'avec l'augmentation de notre commerce et de notre influence politique, les exigences de nos arsenaux ne pourront que s'accroître de leur côté.

Pour apprécier les besoins de la marine marchande, nous avons dû, en l'absence de documents officiels sur la consommation, calculer la quantité de bois employée à la construction des navires existants, et diviser cette quantité par le nombre exprimant la durée moyenne d'un bâtiment à flot.

D'après les renseignements que nous avons recueillis à l'arsenal de Toulon, la quantité de bois équarri employée à la construction d'un navire de guerre est, par tonneau, de 0,80 mètre cube en moyenne; elle varie dans des limites assez rapprochées, mais elle est d'autant plus grande que le jaugeage des bâtiments est moindre, ce qui provient de ce que les déchets au travail sont, par rapport à la quantité de matière mise en œuvre, plus considérables pour les bois de petites dimensions que pour les autres. Nous croyons donc que le chiffre de 1 mètre cube que nous avons admis pour les petits navires dont notre commerce se sert, n'est pas excessif. Voici quelques documents qui pourront servir à éclairer nos lecteurs sur ce point.

On lit dans le rapport spécial sur l'approvisionnement des bois de construction, fait par M. Maissiat à la commission d'enquête instituée par l'Assemblée législative (1849-51).

« On n'a point le devis officiel de la dépense de bois pour chacun des types de nos » constructions navales ; cependant, on trouve un terme utile d'approximation dans les » développements à l'appui du budget de 1826 ; il y est indiqué (p. 40) pour la dé- » pense d'un vaisseau à trois ponts :

En bois de 1re espèce	....	2,776 m. c.
2e —	....	1,139.
3e —	....	420.
4e —	....	147.
5e —	....	56.
		4,538.

» Le déplacement de charge de ce vaisseau était de 5,081 tonneaux. »

M. Maissiat fait remarquer que ce devis est un peu faible.

M. Fonmartin de Lespinasse, lieutenant de vaisseau, directeur du port à Bordeaux, a publié, en 1846, un livre intéressant intitulé : *Appel au Gouvernement et aux Chambres sur notre marine marchande*. Ce livre contient le devis de la construction de la coque d'un bâtiment de 300 tonneaux, devis dans lequel le bois employé est évalué de la manière suivante :

Bois de chêne . .	70 st.	à 87 fr.	6,000
Id.	110	116	12,760
Bois de sapin . .	40	72 50	2,900
Sciage.	3,500 m. cour.	0 80	2,800

Il s'agit encore ici (le prix du bois l'indique suffisamment) de bois équarri.

Enfin, M. Estancelin nous apprend, dans son livre déjà cité, qu'en Angleterre, on estime à 1 load par tonneau, soit à 2 stères 10, la quantité de bois employée à la construction d'un vaisseau.

En admettant, comme nous l'avons fait, l'emploi de 1 mètre cube par tonneau, nous avons obtenu pour l'ensemble de nos navires marchands, jaugeant environ 600,000 tonneaux, le chiffre de 600,000 mètres cubes. Il nous restait à connaître la durée moyenne de ces navires. Nous l'avons portée à 15 ans et nous nous sommes ainsi tenu un peu au-dessus de la vérité, car, d'après M. Portal, ancien ministre, d'après M. Tupinier (Rapport sur le matériel de la marine), d'après l'avis de tous les marins, les navires à flot ne durent pas plus de 14 ans.

D'après ce qui précède, les besoins, tant de la marine militaire que de la marine marchande, réclameraient, chaque année, 80,000 mètres cubes de bois équarri. Mais c'est là un chiffre minimum qui ne répond pas à la grandeur de notre pays, qui répond moins encore à ses espérances, et qui accuse dans l'état de notre marine marchande surtout un amoindrissement déplorable. Il n'y a rien d'exagéré à croire que si, comme on doit le souhaiter, notre marine marchande se relève de sa détresse, et si notre puissance navale continue de marcher dans la voie progressive qu'elle suit depuis 1815, nos besoins en bois de construction pourront être portés au double et même au triple de ce qu'ils sont aujourd'hui. C'est d'après cette éventualité, c'est au point de vue de l'avenir, et non du présent, qu'il convient d'apprécier les ressources que nos forêts offrent aux constructions maritimes. Or, à ce point de vue, il est permis de s'inquiéter de la diminution de notre sol forestier, et surtout de la foiblesse de sa production.

Ces craintes ne paraîtront pas chimériques, quand on saura que les 40,000 mètres cubes de bois équarri consommés par nos chantiers militaires comportent une quantité de bois de charpente qu'on ne saurait évaluer à moins de 355,000 mètres cubes; qu'en d'autres termes, pour procurer à la marine les 40,000 mètres cubes qu'elle emploie à ses travaux, il faut mettre à sa disposition une quantité de 355,000 mèt. cub. de bois de charpente en grume.

M. Maissiat estime, dans son rapport précité, que, sur 100 mètres cubes de bois équarri qui sont entrés dans les dépôts, on en peut employer et envoyer à pied d'œuvre 50 seulement, dont 5 sont renvoyés pour vices intimes découverts après un commencement de travail.

Ainsi, sur 100 mètres cubes de bois entrés dans les arsenaux, il n'y en aurait que 45 qui seraient susceptibles d'être employés! Que deviennent les autres? — Le voici : il y en a d'abord 5, comme nous venons de le dire, qui sont rebutés pour vices intimes. Les 50 restants sont exclus de la construction par défaut d'assortiment.

Quand le génie maritime veut construire un vaisseau, il n'a pas besoin seulement d'une certaine quantité de stères de bois, il a besoin d'un nombre déterminé de pièces de telle et telle forme, c'est-à-dire *de telle et telle espèce*. L'excédant d'une espèce ne saurait compenser le déficit de l'autre; or, la nature ne produit pas les espèces, c'est-à-dire les formes dans la proportion désirable. Il y a donc, dans cette production, des pièces qui, considérées isolément, seraient bonnes pour le service maritime, mais qui, n'étant pas assorties, doivent être rebutées.

On remarquera que si ce défaut d'assortiment exclut de l'emploi 50 p. 100 des bois achetés par l'administration de la marine, qui impose cependant à ses fournisseurs des conditions de configuration et de qualité, il est plus que probable que, sur une quantité de bois prise au hasard dans nos coupes, le même défaut rendrait impropre aux constructions maritimes une proportion bien plus grande.

Toutefois, pour ne pas être taxé d'exagération, nous admettrons que sur un nombre donné de mètres cubes, provenant de l'exploitation d'arbres ayant les dimensions voulues pour les constructions navales, il y en a 50 p. 100 seulement que la marine ne saurait utiliser. En ajoutant à ces 50 p. 100 les 5 p. 100 résultant de vices intimes, on a déjà un déchet de 55 p. 100, en sorte que, pour procurer à nos chantiers les 40,000 mètres cubes de bois assortis dont ils ont besoin, il est nécessaire que nos forêts produisent 88,888 mètres cubes de bois équarri. Cherchons maintenant ce que ces 88,888 mètres cubes de bois équarri comportent de bois de charpente sur pied.

L'équarrissage adopté par la marine est à vive arète; il faut donc doubler le cube de bois équarri pour avoir le cube en grume, le cube réel. Les 88,888 mètres cubes représentent, par suite, 177,770 mètres cubes en grume; mais un arbre, quelque bien venu qu'il soit, n'est propre aux constructions navaies que sur une portion de son volume. On estime, en général, qu'un arbre donnant 3 m. c. de bois de charpente, n'en fournit pas plus de 1,5 à la marine; d'où il suit que l'on doit multiplier par 2 le chiffre que nous avons posé précédemment, afin de déterminer le volume total en bois de charpente, nécessaire pour obtenir la quantité de bois que ce chiffre exprime.

177,776 mètres cubes multipliés par 2 donnent 355,552 mètres cubes; voilà donc ce qu'il serait indispensable de trouver, chaque année, dans notre production en bois de charpente, pour la satisfaction des besoins actuels de la marine militaire. Qu'on veuille bien se reporter au passage où nous traitons de la production du sol forestier et on verra que les forêts de l'État ne le fournissent pas, puisque en charpente *de toutes essences* elles ne produisent que 360,500 m. c. Que serait-ce donc si nous ajoutions à ces besoins ceux de la marine marchande?

NOTE D.

Sur les quantités de charbons de bois et de bois consommées par l'industrie métallurgique.

Le dernier compte rendu des travaux des ingénieurs des mines date de 1846. Il indique que nous avions, à cette époque, 513 hauts-fourneaux, marchant au moyen, soit du charbon de bois, soit du charbon de bois mélangé au bois. Ces 513 hauts-fourneaux n'étaient pas tous en activité; il y avait :

Haut-fourneaux au charbon de bois	actifs . . .	333	496	513
	inactifs . .	153		
Id. au bois mèlangé de charbon de bois	actifs . . .	20	27	
	inactifs . .	7		

Ces usines avaient produit, en 1845, 2,648,727 q. m. de fonte.

La quantité de combustible consommée dans la fabrication et les élaborations principales de la fonte et du fer s'était élevée :

Pour le bois à. . . . . . 304,239 q. m.

Pour le charbon de bois à. . 5,654,563 q. m.

Pour obtenir l'équivalent de ces quantités en stères de bois façounés, nous avons admis :

1° Qu'un stère de bois pèse en moyenne, à l'époque où on le carbonise . . . . 380 kilog.

2° Que, par la méthode de carbonisation adoptée dans les forêts, il faut au moins 100 de bois en poids pour produire 17 de charbon.

D'après ces bases, les 304,239 q. m. de bois représenteraient	80,063 st.
Et les 5,654,563 q. m. de charbon seraient le résultat de la carbonisation de 33,262,135 q. m. de bois représentant	8,753,193
TOTAL	8,833,256 st.

Nous n'avons donc rien exagéré en disant que la métallurgie du fer consomme le tiers du bois de feu produit par notre sol forestier, et nous serions même resté au-dessous de la vérité, si l'on adoptait les suppositions et les évaluations présentées par certains métallurgiques. Voici, en effet, le calcul que nous trouvons dans le compte rendu des intérêts métallurgiques de l'année 1844, p. 3.

En 1851, les usines métallurgiques ont consommé 5,976,590 q. m. de charbon, soit à raison de 200 kil. par mètre cube, 2,988,295 mètres cubes, lesquels représentent le résultat de la carbonisation de 8,964,885 stères.

Elles ont, en outre, consommé en nature 232,105

TOTAL. 9,196,990

NOTE E.

Sur la quantité de bois nécessaire pour la construction et l'entretien des chemins de fer.

Chaque traverse cube, en moyenne 0,1 mètre cube. Chaque kilomètre, à à double voie, nécessite l'emploi de 2,000 traverses.

Il faudra donc, pour la construction des 9,000 kilom. autorisés, 1,800,000 mètres cubes de bois équarri. Le bois de chêne est le seul que l'on puisse employer sans le soumettre à une préparation spéciale. Les ingénieurs lui attribuent une durée de 10 ans; l'entretien des 9,000 kilomètres exigera donc chaque année 180,000 mètres cubes de bois équarri.

Nous avons supposé que l'équarrissage aurait lieu à vive arête, et c'est ce qui nous a fait doubler cette quantité, pour déterminer le volume en grume dont la réparation des chemins aurait besoin. Il est vrai cependant que, sur certaines voies, on admet des traverses triangulaires ou demi-rondes dans lesquelles il entre de l'aubier en plus ou moins grande quantité, et qui comportent un déchet moins considérable que les traverses équarries à vive arête; mais il faut considérer que si l'on réalise de cette manière une économie peu importante dans la construction, on augmente la dépense d'entretien, le bois avec aubier durant beaucoup moins longtemps que celui qui en est dépouillé. D'un autre côté, les locomotives à grande vitesse dont l'emploi tend à se généraliser, ne peuvent qu'augmenter la consommation du bois, attendu qu'elles sont très-lourdes et qu'elles exigent, en conséquence, qu'on renforce et qu'on multiplie même les traverses. Ces considérations nous paraissent de nature à justifier nos prévisions. Celles-ci ne pourraient être démenties que par la substitution du fer au bois, ou la découverte d'un agent de conservation qui prolongerait au-delà de 10 ans la durée des traverses. L'emploi exclusif du fer a été l'objet de quelques essais en Angleterre et même en France; mais dans ce dernier pays il constitue une si petite exception, que l'on pouvait se dispenser d'en tenir compte. La découverte d'un agent conservateur capable de prolonger la durée du bois au-delà de 10 ans est peut-être faite, mais elle n'est pas encore sanctionnée par l'expérience : son influence sur la consommation, en bois de charpente, des chemins de fer est donc, comme celle du fer, dans les futurs contingents. Au reste, si l'on voulait s'en préoccuper, il faudrait aussi calculer ce que les lignes secondaires qu'on ne manquera pas de créer lorsque le réseau principal sera terminé, ajouteront aux exigences des besoins actuels, et, tout compte fait, on trouverait probablement que, loin d'exagérer la dépense, nous l'avons atténuée.

Enfin, on voudra bien remarquer que nous n'avons compris dans nos évaluations, que les besoins de la voie; or, au dire de plusieurs ingénieurs, les ponts, les stations, les embarcadères, etc., etc., exigeraient au moins la *moitié* du bois employé en traverses.

NOTE F.

Sur la quantité de bois employée dans l'industrie du bâtiment.

Nous n'entendons parler ici que des bois de charpente, comprenant les chevrons, les pannes simples, les pannes doubles, et nous laissons en dehors les bois de menuiserie dont le bâtiment fait cependant une grande consommation. Nous ne possédons, sur ce dernier point, aucun document qui soit susceptible de nous éclairer d'une manière suffisamment approximative sur le chiffre des besoins. Quant aux bois de charpente, nous sommes loin de présenter comme exacts les renseignements que nous donnons sur leur compte. Nous croyons seulement que le chiffre de 1,600,000 mètres cubes est une limite au-dessous de laquelle la consommation ne pourrait descendre, sans inconvénients pour le bien-être des populations, à moins qu'on ne généralisât l'emploi du fer dans les charpentes.

Il y a, en France, 36,000,000 d'âmes dont 28,000,000 dans les campagnes et bourgs et 8,000,000 dans les villes.

Ces 36,000,000 d'habitants forment, à raison de 4, 5 individus par famille, 8,000,000 de familles dont 1,777,000 urbaines et 6,223,000 rurales.

Le nombre des maisons et bâtiments consacrés au logement de ces familles est, d'après la statistique générale de France, de 6,649,551.

Pour apprécier les besoins en bois de charpente de cette nombreuse population, nous avons eu recours aux expertises exécutées par les agents forestiers, à l'effet de déterminer le chiffre des délivrances de bois de construction à faire aux communes usagères dans les forêts domaniales.

Il résulte de ces expertises effectuées sur divers points de la France, dans l'Aude, dans les Vosges, en Alsace, que la construction des maisons nécessaires au logement de 5,344 familles aurait exigé, d'après les règles de l'art 121,448 m. c. de bois.
ce qui fait par famille 22 m. c. 75.

A ce compte, les 6,223,000 familles rurales réclameraient pour leurs habitations la quantité de 141,444,879 mètres cubes.

Les besoins d'une famille urbaine doivent être moins considérables que ceux d'une famille rurale : dans les villes, les maisons sont plus spacieuses que dans les campagnes, et nécessitent proportionnellement à leur capacité une moins grande quantité de bois. Quelques experts ont eu à faire des estimations dans des villes ; ils ont constaté entre les besoins d'une famille, dans celles-ci, et les besoins d'une famille, dans les campagnes ou les bourgs, une différence qui est allée jusqu'à 30 p. 100. D'après cela, chaque famille urbaine ne demanderait guère pour sa part d'habitation que 15 mètres cubes, et les 1,777,000 familles absorberaient 26,655,000 mètres cubes, lesquels joints au chiffre des campagnes, soit 141,444,879

donnent un total de 168,099,879

Nous avons divisé ce total par 100 pour nous procurer le chiffre des besoins annuels. Si les bois employés à la construction étaient tous en chêne, la durée de 100 ans que nous avons admise serait certainement trop courte, mais ces bois se composent en grande partie de résineux qui ne se conservent pas plus de 80 ans, et il faut d'ailleurs tenir compte des exigences résultant des cas fortuits tels que les incendies, et des reconstructions provoquées par l'accroissement du bien-être. 100 ans est une moyenne généralement adoptée par les experts dont nous avons consulté les travaux.

Voilà comment nous nous sommes cru autorisé à mettre un chiffre en avant, pour des besoins si difficiles, du reste, à apprécier. Nos lecteurs en tiendront tel compte qu'il jugeront convenable ; pour nous, nous sommes convaincu que si notre évaluation a un défaut, ce n'est pas celui de l'exagération.

On sait que les gardes forestiers de l'Etat sont logés dans des maisons construites par les soins de l'administration. Le devis du modèle que l'on suit dans ces constructions, comporte une dépense de 14,19 mètres cubes de bois équarris, soit 28 mètres cubes en grume. Si les 6,649,551 maisons qui servent au logement de la population française étaient établies d'après le même modèle, elles exigeraient 186,187,428 mètres cubes de bois.

NOTE G.

Sur les mesures prises par l'Administration pour assurer l'approvisionnement de la capitale.

L'approvisionnement des combustibles destinés à la consommation de la capitale est un des objets les plus importants de l'administration municipale. Il renouvelle souvent la terreur de la pénurie et les sollicitudes inséparables de la difficulté des transports. Il exige que la sagesse et l'universalité des moyens soient constamment unies à l'activité persévérante de l'exécution.....

(*Mémoire de M. de Corny, procureur du roi et de la ville. Annales forestières*, tom. VIII, p. 509).

M. Dupin rappelle que, depuis plusieurs siècles, la législation s'est attachée à réglementer la propriété des bois de la manière la plus gênante pour les propriétaires, en vue d'assurer et de favoriser l'approvisionnement de Paris en combustible. Ainsi, défense aux propriétaires de défricher leurs bois ; défense de rien détourner des bois de corde pour leur usage personnel ; obligation de tout diriger sur Paris, droit à l'Administration, en cas de refus ou retard des propriétaires et des marchands, de faire flotter et conduire à Paris aux frais de la marchandise. De là, et toujours dans l'intérêt de l'approvisionnement de Paris, les servitudes imposées aux propriétaires d'héritages avoisinant les forêts, comme, par exemple, de laisser traverser ces héritages pour faciliter le charroi des bois ; obligation aux moulins et autres usines de chômer, moyennant une très-faible indemnité, pour livrer les eaux nécessaires aux besoins du flottage ; de là, des travaux immenses entrepris aux dépens des particuliers et des marchands, pour nettoyer ou redresser le lit des ruisseaux et petites rivières, pour créer des retenues d'eau, des barrages et des pertuis, afin de faciliter les écluses destinées à la conduite des flots et des trains ; et cela depuis plus de trois siècles...

(*Bulletin des séances de la Société centrale d'Agriculture*, tom. VIII, pag. 356.)

C'est surtout sous le règne de Charles VII que la disette de bois commença à sévir avec vigueur. Pour remédier à une position aussi alarmante, ce prince fit expédier des lettres patentes, à la date du 29 novembre 1418, à différents trésoriers généraux des finances, avec injonction de faire procéder de suite à des coupes extraordinaires dans les forêts de Laye, de Sénart, de Pommeraye, etc.

(*Annales forestières*, tom. VIII.)

Il n'était pas jusqu'aux usages, favorables au service de l'approvisionnement de Paris, quelque exorbitants qu'ils fussent, que l'autorité ne se fût empressée de reconnaître et de sanctionner ; c'est ainsi que les bœufs et autres animaux employés au transport des bois pouvaient paître sur les landes, bruyères, terrains en friche, prés fauchés, qui se trouvaient sur leur passage, depuis les forêts jusqu'aux ports d'approvisionnement.

(*Annales forestières*, tom. VIII.)

Ceux de nos lecteurs qui seraient désireux de s'éclairer d'une manière plus complète sur la nature des moyens que l'Administration avait cru devoir adopter pour assurer l'approvisionnement de la capitale, pourront consulter les documents suivants :

Arrêt du Parlement, en date du 9 nov. 1496, pour *contraindre* les marchands qui avaient des bois proches des rivières de Seine, Somme et Marne, de les amener incessamment à Paris.

Arrêt du Parlement, — 29 *nov.* 1504, — pour *contraindre* les marchands d'amener du bois à Paris, étant dans une disette de bois.

Arrêt du 13 *juillet* 1663, qui ordonne que les marchands seront tenus de fournir la ville de marchandises de bois.

Arrêt du 7 septembre 1714, qui commet des officiers des provinces et de l'Hôtel-de-Ville, pour se transporter sur les ports des rivières et dans les forêts, à l'effet de pourvoir aux provisions de bois de la ville de Paris qui en avait disette.

Arrêt du Conseil, 8 *mars* 1723, portant défenses à tous propriétaires de bois et à tous adjudicataires et marchands, de vendre du charbon de bois aux étrangers, et d'en faire sortir du royaume, sans la permission expresse de Sa Majesté.

Arrêt du Conseil, 9 *août* 1723. — Défense à toute sorte de personnes et à toutes communautés régulières et séculières, d'établir à l'avenir aucuns fourneaux, martinets, forges et verreries... Attendu qu'une partie considérable des bois qui étaient destinés au chauffage du public, est consommée par ces nouveaux établissements, qui ne doivent être mis en usage que pour la consommation des bois, qui ne sont pas à portée des rivières navigables et des villes.....

Arrêt du Parlement, — 24 *juillet* 1725, — portant règlement pour toutes les marchandises de bois à brûler et de charbons, pour la provision de la ville de Paris. On y lit :

Ordonne pareillement aux propriétaires des bois et forêts d'où se tirent les bois et charbons pour la provision de ladite ville, de faire faire et couper régulièrement les coupes conformément aux ordonnances et règlements, à peine de *confiscation* desdits bois et coupes, et de mille livres d'amende pour chacune contravention.

. . . . Comme aussi, ordonne aux marchands, tant de cette ville que forains et autres, qui seront rendus adjudicataires desdits bois et coupes, de les faire exploiter dans les termes marqués dans leurs adjudications, et de les faire conduire incessamment, des ventes aux ports voisins, et des ports à Paris, à peine de *confiscation* des bois et de 10 mille livres d'amende pour chacune contravention ; et faute par eux de les exploiter, sera permis aux prévôts des marchands et échevins de cette ville de se transporter ou de commettre..... à l'effet d'accélérer l'exploitation, conduite et arrivage des bois pour la province de Paris.

NOTE H.

Sur l'augmentation des produits agricoles.

Nous disons que le moyen le plus facile et le moins coûteux d'augmenter la production de nos denrées agricoles, consiste dans l'amélioration et non dans l'extension de la culture. Cela est facile à concevoir. L'amélioration n'exige pas nécessairement l'accroissement du capital engagé ni celle des frais d'exploitation. L'extension de la culture ne peut avoir lieu, au contraire, sans un accroissement proportionnel de ce capital et de ces frais. Un exemple fera mieux comprendre notre pensée. Le rendement de beaucoup de terres est en France, par rapport à la quantité de semence employée, comme 7 est à 1. Supposons que, par une économie plus intelligente dans l'emploi de la semence, on parvienne à augmenter ce rapport. Cette augmentation dont la consommation profitera, n'aura occasionné aucune mise de fonds. Si on avait voulu se la procurer par l'extension de la culture, il aurait fallu affecter une somme plus ou moins considérable à l'achat du terrain et à sa préparation.

Nous avons posé plus haut deux principes généraux d'économie politique agricole, qui trouvent ici leur complète application, et que nous croyons utile de rappeler : 1° on ne doit jamais encourager directement l'extension des cultures épuisantes ; 2° c'est vers *l'augmentation du produit, sur une surface égale* que doivent se concentrer tous les encouragements et tous les efforts de l'Administration et des corps savants qui agissent comme elle-même.

Pour le froment et les céréales, en général, ces deux principes sont en France de toute vérité et d'une grande importance : on n'en cultive que trop, mais on les cultive fort mal, et c'est à cet état de choses qu'il faut nécessairement remédier.

(*Notes économiques sur la statistique agricole de la France*, par C. F. Royer, pag. 151.)

NOTE I.

Sur les liens qui unissent les intérêts de la sylviculture à ceux de l'agriculture.

Nous devons ajouter quelques renseignements à nos affirmations sur la solidarité qui existe, dans certaines régions, entre la culture des champs et celle des terres. Commençons par les Ardennes.

Sartage. — On appelle *sartage*, un mode particulier d'exploiter les taillis, qui consiste à cultiver des céréales, à chaque coupe, pendant un ou deux ans, après avoir brûlé, au préalable, les menus bois, broussailles, morts bois et autres plantes, sur la surface du sol, dans le but de le rendre plus favorable à la végétation.

..... Par les cendres qui en résultent, il procure au sol un amendement, et active en outre la végétation en échauffant considérablement le terrain ; aussi voit-on, à la suite de cette opération, les céréales et le bois croître avec une grande vigueur. Si l'action du feu a quelquefois pour effet de nuire à la reproduction en détruisant les semences et les jeunes plants et en charbonnant la surface des souches, elle provoque, d'une autre part, de nombreux drageons par la température élevée qu'elle communique au sol, et par la culture qui blesse un certain nombre de racines et les met toutes en communication plus directe avec les influences atmosphériques.

(*Cours de culture des bois*, par MM. Lorentz et Parade, p. 327, 330.)

Il y a, dans la partie septentrionale des Ardennes, formée par les arrondissements de Mézières et de Rocroy, un massif de montagnes, à pentes escarpées, au milieu desquelles roulent les eaux de la Meuse, de la Semoy et de la Sormonne. Ces montagnes, qui proviennent du soulèvement du terrain ardoisier, sont presque entièrement couvertes de bois ; elle renferment cependant une population nombreuse ; comment cette population trouve-t-elle à y vivre ? — C'est au moyen du sartage. L'hiver, l'Ardennais fabrique de la menue ferronnerie ; l'été, il prend sa houe et va essarter les coupes exploitées dans les forêts voisines. Il est telle commune qui ne possède pas 10 hectares de terres labourables, mais qui essarte tous les ans une coupe de 20 hectares, et qui se procure de cette manière les céréales indispensables à sa subsistance, le chaume dont elle couvre ses habitations, et les engrais avec lesquels elle parvient à fertiliser son territoire. On estime que le sartage peut rendre par hectare 15 à 18 hectolitres de seigle, 3 à 4,000 kilog. de paille de première qualité, sans compter une grande quantité de genêts qui poussent après la récolte des céréales et dont on tire parti soit pour le chauffage, soit pour la litière des bestiaux.

Ce sont là des ressources considérables. Aussi, le maintien du sartage est-il regardé, dans les Ardennes, comme une question d'existence pour les habitants. L'administration forestière a voulu, dans un but d'ailleurs très-louable, supprimer cette opération dans les forêts domaniales. Elle a soulevé des réclamations incessantes qui ont trouvé dans le conseil général du département un organe infatigable. Voici dans quels termes ce conseil s'exprimait sur ce point dans sa session de 1850 :

« Le conseil général considère la reprise de l'essartage dont les communes » ont joui pendant un temps immémorial *comme une question de vie ou de* » *mort* pour les populations pauvres de l'Ardenne, et il renouvelle avec la plus » vive instance le vœu qu'il a émis à cet égard. »

Mais, fera-t-on peut-être observer, puisque cette région ne possède pas assez de terres arables, ne pourrait-on pas lui en donner en autorisant le défrichement d'une portion des bois qui la couvrent ? — On ne le pourrait pas, et voilà pourquoi nous disons que la production des céréales n'est possible, dans ce pays, qu'au moyen du sartage. Le sol Ardennais est un sol argileux, compacte, humide et froid. Pour le rendre propre à l'agriculture, il faudrait faire venir de loin, et y enfouir en amendements et en engrais, un capital énorme dont on ne retirerait certainement pas l'intérêt ; or, ces amendements et ces engrais, la culture forestière les fournit en abondance, et pour ce-

la elle ne demande que du temps. Le sartage ameublit le sol, le rend plus poreux, enlève à l'argile la propriété de faire pâte avec l'eau ; il dégage, en outre, et il met à la disposition de la céréale que l'on a semée, les principes contenus dans les tissus des végétaux, les parties élémentaires du bois, qui forment, comme on sait, un engrais très-énergique. On voit donc que la disparition des bois amènerait infailliblement la ruine de la contrée.

Le Morvan. — Le Morvan comprend le bassin supérieur de l'Yonne et de ses affluents, il s'étend sur quatre départements, Nièvre, Yonne, Saône-et-Loire, Côte-d'Or, et est couvert de forêts principalement consacrées à la production des bois de chauffage pour l'approvisionnement de Paris. Il y a plus de trois siècles, la crainte de voir la population parisienne exposée à manquer de combustible, fit imposer à cette partie de la France des restrictions particulières à l'exercice du droit de propriété, restrictions dont l'effet subsiste encore.

La première ordonnance royale qui consacre cet état de choses, exceptionnel à l'égard du Morvan, remonte au XVe siècle, au règne de Charles VI. Plus tard, on trouve toute une législation spéciale, qui affecte à l'approvisionnement de Paris les bois de la haute Yonne, notamment les ordonn. de 1566, celles de 1597, 1639, 9 avril 1642, 28 juin 1656, 10 juin et 15 juillet 1663 et 1672. Ces ordonnances règlent l'aménagement des bois, le flottage, les servitudes résultant de l'usage des eaux et la juridiction exceptionnelle sur toutes ces matières, sans compter les arrêts du Parlement de 1563, 1571, et beaucoup d'autres qui fixent la jurisprudence à ce sujet. Il y a donc, on le voit, une sorte de contrat consacré par des relations de plus de trois siècles.

D'après la situation créée par cette longue suite de règlements, ayant uniquement en vue d'assurer l'approvisionnement de Paris en combustibles, non-seulement les propriétaires du Morvan ne peuvent produire que du bois, mais encore ils ne peuvent produire que quelques espèces de bois, et ils n'ont pour les débiter que le marché de la capitale. Chez eux, les bois sont donc le principal, les terres cultivées sont l'accessoire; sur leur sol, généralement peu fertile, les fermes ne donnent des produits passables que parce que les champs peuvent être abondamment fumés, en raison du grand nombre d'animaux de service entretenus dans chaque exploitation pour le transport des bois. Les travaux d'exploitation des forêts et de transport des bois constituent, par la même raison, la ressource principale des habitants du Morvan, ressource sans laquelle ils ne sauraient exister; c'est dans les forêts que cette population trouve les salaires qui la font vivre. . . . .

Pour se former une idée exacte des rapports qui existent dans le Morvan entre la propriété rurale et la propriété foncière, il ne faut pas perdre de vue l'origine des petites fermes qu'on y rencontre assez clairsemées. Toutes ces exploitations agricoles de peu d'importance ont été créées pour les besoins de l'exploitation forestière.... Les fermiers comptent spécialement pour le paiement de leurs fermages sur l'argent qu'ils gagnent à façonner les bois l'hiver, et à en effectuer l'été, avec leurs attelages, le transport jusqu'au bord des ruisseaux et cours d'eau flottables. Faute de cette ressource, pas une de ces fermes ne pourrait subsister et payer le prix du fermage.

(Extrait du *Mémoire sur les droits qui frappent les combustibles à leur entrée dans Paris, adressé au préfet de la Seine par les propriétaires forestiers. Note rédigée d'après les documents publiés par M. Albert de Saint-Léger.*)

Alsace, enlèvement des feuilles. — Dans les pays de forêts, les feuilles d'arbres sont presque toujours utilisées en litière, elles absorbent peut-être une moins grande quantité d'urine que la paille, mais comme elles sont beaucoup plus azotées, elles ajoutent à la qualité des fumiers. Il est à désirer que les matières placées sous le bétail, pour en recevoir les excrétions, soient capables de s'imbiber d'une forte dose de liquides; et, comme engrais, ces mêmes matières sont d'autant plus avantageuses qu'il entre dans leur constitution une plus forte proportion d'azote. Les feuilles d'arbres satisfont à ces deux conditions : aussi sont-elles d'une immense ressource dans les localités où il est possible de s'en procurer en abondance.

(*Economie rurale*, t. II, p. 84, Boussingault.)

L'Alsace est une des régions les plus riches de la France, une de celles où l'agriculture a atteint le plus haut degré de perfection. La rente de la terre s'y élève jusqu'à 250 et 300 fr. Cette province doit, en partie, la prospérité dont elle jouit au détritus des vastes forêts qui couvrent son territoire.

Nous ne sommes pas, en principe, partisan de l'enlèvement des feuilles. Nous croyons qu'il causera tôt ou tard la ruine des forêts, si on ne parvient à le renfermer dans des limites raisonnables ; mais ce n'est pas la question que nous voulons traiter aujourd'hui : elle exigerait des développements dans lesquels nous ne saurions entrer en ce moment. Notre but en parlant de l'enlèvement des feuilles est seulement de signaler un des exemples les plus frappants de la solidarité intime qui s'est établie dans certaines contrées entre la culture des champs et celle des bois.

Cette solidarité n'est nulle part aussi évidente et aussi étroite que dans les départements du Haut-Rhin et du Bas-Rhin. Le sol de ces départements est un sol d'alluvion dans lequel l'argile et la silice dominent alternativement ; sa remarquable fécondité ne provient pas toujours de sa constitution naturelle. Ce sont les forêts qui l'ont créée trop souvent à leurs dépens.

L'arrondissement de Haguenau présente une preuve bien remarquable à l'appui de cette assertion : son territoire n'est pas un des plus riches du département du Bas-Rhin ; on y cultive cependant toutes sortes de plantes oléagineuses et d'autres très-épuisantes, telles que la garance, le houblon, la betterave, la pomme de terre. Eh bien ! ce territoire se compose d'un sable siliceux presque pur et dans lequel la végétation forestière seule pourrait se développer, s'il avait été abandonné à ses conditions naturelles ; mais il y a près de Haguenau une forêt très-étendue, dont le détritus est utilisé pour la fabrication des engrais, et ces engrais, enfouis depuis des années dans la terre la plus ingrate, en ont fait une des plus fertiles.

Il est facile de comprendre que la privation des feuilles mortes serait en Alsace la cause d'un véritable désastre : ce pays-là produit peu de céréales et parconséquent peu de paille, ce sont les forêts qui lui fournissent l'abondante litière dont il a besoin pour la fabrication des engrais que réclament les cultures très-exigeantes qu'il a adoptées.

Il est fâcheux, sans doute, qu'on ait autorisé par des concessions peut-être trop faciles, l'établissement d'un système agricole qui ne saurait se suffire à lui-même, en ce sens qu'on ne trouve pas dans les récoltes qui en résultent, les éléments indispensables aux récoltes ultérieures ; mais c'est là un fait accompli, il ne s'agit pas de le supprimer, il s'agit seulement d'en amoindrir les conséquences fâcheuses pour la conservation des forêts.

L'emploi des feuilles mortes est pour les propriétaires de l'Alsace, petits ou grands, d'une impérieuse nécessité ; et le défrichement des forêts serait en conséquence dans cette contrée une grande calamité.

NOTE J.

Tableau des Marchandises transportées en 1850 sur les rivières administrées par l'Etat.

(Ce Tableau a été dressé d'après les Documents que publie l'Administration des Contributions indirectes sur la navigation intérieure.)

NOMS DES BASSINS.	LONGUEUR NAVIGABLE.	TONNAGE GÉNÉRAL ramené à 1 kil.	TRANSPORTS RAMENÉS A 1 KILOM. — BOIS en bateaux.	BOIS en trains.	CHARBONS de bois.	OBSERVATIONS.
	Kilomètres.	Tonneaux.	Tonneaux.	Tonneaux.	Tonneaux.	
Seine	1,069	251,451,779	27,768,801	137,196,208	7,990,605	Si l'on excepte 290,116 stères, les bois flottés n'ont pas été compris dans le tonnage général. Il faut en conséquence les ajouter au total de la 3e colonne après les avoir convertis en tonnes. Nous admettons que 1 stère pèse 400 kilogr.
Meuse-et-Moselle	390	20,264,396	764,674	12,350,619	82,729	
Rhône	1,432	237,920,587	14,678,012	34,044,005	1,516,179	
Adour	199	7,807,800	1,299,019	256,692	880	
Gironde	1,457	65,778,119	5,483,764	906,060	288,504	
Charente	339	12,392,583	1,980,359	»	40,829	
Loire	1,547	117,634,770	12,702,790	7,930,080	559,136	
Vilaine	130	2,572,623	421,166	»	1,080	
Escaut	204	116,596,004	481,046	102,023	»	
Aa	135	22,875,880	1,801,669	316,437	13,667	
Totaux	6,902	855,294,541	67,381,300	193,102,124	10,493,609	

Si l'on ajoute au tonnage général les 192,812,009 stères qui n'y sont pas compris et qui représentent 77,124,803 tonnes, on obtient un total de 932,419,344 tonnes.

Si l'on ajoute au tonnage du bois en bateau, les 193,102,124 stères de bois flottés qui représentent 77,240,849 tonnes, on obtient un total de 144,622,149 tonnes.

Tableau des Marchandises transportées en 1850 *sur les canaux administrés par l'Etat.*

(Extrait des Documents publiés par l'Administration des Contributions indirectes sur la navigation intérieure.)

NOMS DES CANAUX.	LONGUEUR.	TONNAGE GÉNÉRAL, ramené à 1 kil.	TRANSPORTS RAMENÉS A 1 KILOM. BOIS en bateaux.	BOIS en trains.	CHARBONS de bois.	OBSERVATIONS.
	kilomètres.	Tonneaux.	Tonneaux.	Tonneaux.	Tonneaux.	
Ardennes	111	8,132,190	716.077	»		Indépendamment des canaux mentionnés ci-contre, l'État administre encore celui du Centre, celui latéral à l'Oise, l'Oise canalisée, le canal de Saint-Pierre à Toulouse et celui de la Somme. Nous ne les avons pas portés sur le tableau parce que l'Administration n'a pas fait connaître la part afférente au bois dans le tonnage général.
Arles à Bouc	47	6,547,904	149,794	137,219		
Berry	320	33,306,941	1,713,537	»		
Blavet	59	334,765	31,262	»		
Bourgogne	242	43,437.888	3,363,077	341,366	498,808	
Decize	1	55,738	5.450	»		
Fourchambault	2	134,956	4,591	»		
Latéral à la Garonne	109	16,639,968	635,225	20,994		Nous devons faire observer aussi que pour le canal du Berry, de Fourchambault, latéral à la Loire, de Nantes à Brest, du Nivernais, le tonnage du charbon de bois ayant été compris dans celui de la houille et du coke, nous n'avons pas pu l'indiquer.
Ille-et-Rance	84	2,347,875	243.059	»		
Latéral à la Loire	197	29,915,769	323,114	»		
Manicamp	5	4,574,182	75,677	8,718	45,251	
Nantes à Brest	366	3,949.472	617,365	»		
Nivernais	174	6.775.822	1.327,717	444,548		
Rhône au Rhin	351	59,720,972	22,316,724	»	16,000	Les quantités que nous avons ainsi négligées sont d'ailleurs très-peu importantes.
Rhin (entre Strasbourg, Mulhouse et Huningue)	127	3,179.429	1,484,311	»		
Saint-Quentin	96	136,780 325	604,747	39,328	83,799	
Totaux	2,291	355,834,184	33,611,727	992,173	643.858	
			34,603,900			

Si l'on ajoute le tonnage général des canaux à celui des rivières, on obtient un total de.......... 1,288,273,528 ton.
Si l'on ajoute le tonnage des bois sur les canaux au tonnage des bois sur les rivières, on obtient un total de.......... 179,226.049
Si l'on ajoute le tonnage des charbons sur les canaux au tonnage des charbons sur les rivières, on obtient un total de. 11.137,467

Les bois.......... forment les 14 p. 100 du tonnage général
Les charbons....... — 0,9 p. 100 —
Les bois et charbons — 15 p. 100 —

TABLEAU *des produits agricoles en circulation.*

(Extrait du tableau dressé par **M. Berthault-Ducreux**, et inséré dans les *Annales des Ponts-et-Chaussées*, livraisons de Janvier et Février 1845.)

DÉSIGNATION DES PRODUITS.	QUANTITÉ en circulation.	MOYENS DE TRANSPORT par rivières et canaux terminés au 1er avril 1828.	petit roulage.	grand roulage.
	Tonneaux.	Tonneaux.	Tonneaux.	Tonneaux.
Bois de chauffage	15,243,607	1,524,366	10,670,520	3,048,720
Bois de charpente	1,471,241	147,126	882,744	441,371
Total des bois	16,714,848	1,671,491	11,553,264	3,490,091
Total des produits agricoles	45,365,535	4,746,711	30,461,765	10,157,059
— manufacturés	556,416	48,740	335,468	172,208
Total des produits agricoles et manufacturés	45,921,951	4,795,451	30,797,233	10,329,267
Proportion du bois par rapport à tous les produits	35 0/0	34 0/0	37 0/0	32 0/0

Transports par le cabotage.

En 1851, le cabotage a transporté en tout 2,121,520 tonnes de 1,000 kilogrammes pour toute espèce de marchandises.

Le transport des vins qui figure en première ligne, s'élève à 280,301 tonnes ; celui des bois communs qui occupe le second rang, s'élève à 273,073 tonnes. Les vins et les bois communs, placés sous ce rapport très-près de l'égalité, forment chacun à peu près les 13/100 de tous les transports par le cabotage ; les uns et les autres représentent chacun la cargaison de 1,358 navires du port de 200 tonneaux.

La houille représente les 4/100 de tout le cabotage.

(*Extrait du rapport sur le défrichement, lu à la séance du Sénat du 1er juin 1853, par M. le baron de Ladoucette*

NOTE K.

Sur les charges supportées par la propriété forestière.

Impôt foncier. — Les bois sont plus imposés, proportionnellement à leur revenu, que les divers fonds de terre, parce que le sol forestier, moins divisé et moins étendu que la propriété agricole, compte dans les communes moins de représentants que celle-ci. Les bois, peu défendus au sein des assemblées municipales chargées d'opérer le classement des différentes natures de cultures, en raison de leur revenu, ont été constamment grevés au profit du sol cultivé.

La surtaxe du sol boisé s'élève au quart et jusqu'à la moitié, pour des terres de même qualité et dans les mêmes localités. Bien plus, il a été établi, sur des pièces authentiques, que, dans certains lieux, l'impôt assis sur des terrains de diverses classes est, proportionnellement au revenu réel de chacun d'eux, plus élevé de 59 p. 100 sur les bois que sur les terres.

(Extrait du rapport sur le défrichement, lu par M. Beugnot, à la séance du 15 février 1851 de l'assemblée législative.)

Octroi. — La question de l'octroi a été traitée complétement, pour ce qui concerne la ville de Paris, dans un mémoire adressé l'année dernière par les propriétaires des bois au préfet de la Seine ; il résulte de ce mémoire :

1° Que le droit d'octroi dont sont frappés les bois à brûler, considéré d'une manière absolue, est exagéré, excessif, puisqu'il s'élève à près de 100 p. 100 de la valeur intrinsèque de la matière imposée :

2° Que ce même droit, comparé à celui qui frappe la houille, blesse toutes les notions d'équité et d'impartialité, puisque, si l'on ramène les deux combustibles à une base d'évaluation commune, il reste démontré que le bois est frappé d'un droit quatre fois plus élevé que celui qui atteint la houille.

La ville perçoit sur 1,000 kil. de houille, représentant environ 12 hectolitres, 40 litres, un droit de 4 fr. 16 c.

1,000 kil. de bois à brûler, représentant un peu plus de 2 stères 50 cent. (à raison de 400 kilog. pour 1 stère) paient au même octroi, au moins 7 fr. 47 c.

Au premier aspect, la différence ne paraît pas être du double ; mais, si l'on cherche à se rendre compte plus exactement de la réalité des choses, on voit que la houille, à poids égal, représentant un peu plus de deux fois la puissance calorifique du bois, il en résulte que 1,000 kil. de houille, payant 4 fr. 16 cent., équivalent, dans la consommation, à 2,000 kil. de bois payant 14 fr. 94 cent.

Sous d'autres formes, le bois supporte des charges moins lourdes, mais néanmoins énormes.

La charpente paie 11 fr. par mètre cube.
Les 100 mètres courants de planches paient le même droit.
100 bottes de lattes id. id.
10 hectolitres de charbon paient 5 fr. 20 cent.

Chose étrange ! on nous dit, on nous répète à satiété que, depuis 1789, la France est délivrée du fléau des douanes intérieures ; or, pour dix départements en amont de Paris, ces douanes sont, non pas seulement rétablies, mais exagérées sous forme inique d'octroi sur les bois, et spécialement sur les bois destinés à la combustion.

(Extrait du vœu du Conseil général de la Nièvre, 1852.)

Douane. — Nous disions, dans une lettre adressée aux conseils généraux et insérée dans les *Annales forestières* (10 août 1853) : « Il est de principe que le prix vénal des marchandises s'accroît avec l'augmentation des débouchés. Il est de principe que deux produits similaires étant donnés, l'un étranger, l'autre indigène, c'est celui-ci qui a le plus de droits à une protection spéciale, puisqu'il alimente le travail national.

« Ces principes ont été méconnus pour les bois indigènes : au lieu de leur chercher des débouchés, on a réduit le nombre de leurs consommateurs, en taxant et en prohibant même leur exportation ; au lieu de les protéger, on leur a créé une concurrence ruineuse en admettant presque en franchise les bois étrangers. »

Le tarif général des douanes justifie ces paroles. Il résulte de ce tarif :

1° Que les bois à brûler, en bûches et rondins, sont prohibés à la sortie et paient pour entrer en France 5 cent. par stères ;

2° Que les fagots sont également prohibés à la sortie, et paient à l'entrée 5 cent. par 100 ;

3° Que le charbon de bois et de chènevottes ne peut pas sortir non plus, et entre moyennant un droit de 1 cent. par mètre cube ;

4° Que les perches, dont on empêche l'exportation, arrivent en payant 25 cent. par mille ;

5° Que les échalas pour sortir paient 1/4 p. 100 de leur valeur, tandis que leur introduction est soumise à un droit de 25 cent. par 1000 ;

6° Que le bois de construction autre que le pin, le sapin, l'orme et le noyer, paie à la sortie, par mer, un droit de 25 fr. par stère, tandis que son importation, qu'elle ait lieu par mer ou par terre, est soumise à un droit de 10 à 15 cent. par stère seulement ;

7° Que les mâts de 40 cent. de diam. et au-dessus paient à la sortie 37,50 la pièce, et acquittent pour entrer un droit qui est seulement de 7 fr. 50 ;

8° Que pour les mâtereaux, le droit à la sortie est de 15 fr., et celui à l'entrée de 3 fr., etc., etc.....

Nous pensons qu'il est inutile de continuer cette revue.

Chemins de fer et Canaux. — Dans les cahiers des charges du chemin de fer du Grand Central et de Lyon à la frontière suisse, les tarifs des marchandises, conformément aux antécédents des autres tarifs, sont établis de la manière la plus défavorable aux bois. Voici, en effet ce qui a lieu :

Les matières à transporter sont partagées en trois classes payant chacune un prix différent.

Pour la première classe, le prix est de 18 cent. par tonne et par kilom. Le tarif y range les bois de menuiserie, ceux de teinture et les autres bois exotiques.

Pour la deuxième classe, le prix est de 16 cent. On y place les charbons de bois, les bois à brûler, les bois de charpente, les planches, les perches, les chevrons et les madriers.

Pour la troisième, le prix est de 14 cent.; mais il est établi pour cette classe une catégorie exceptionnelle, dans laquelle sont placées les houilles, et dont le transport est réduit à 10 c. seulement.

La même défaveur pèse sur les bois dans les tarifs des canaux.

Voici quelques-uns des tarifs appliqués aux canaux administrés par l'État.

Ille et Rance. — Le charbon de terre paie par tonne et par kilom. 1 cent., 60, le bois de construction paie par mètre cube pesant 614 kilog. et par kilom. 2 cent. 0. Le bois à brûler paie par stère pesant 429 kilog. et [illegible]

1 cent.; d'où il suit que la tonne de bois de construction paie par kilom. 3 cent. 25 et la tonne de bois à brûler 2 cent. 23.

Latéral de la Loire.— Les droits sont les mêmes pour les bois, mais le charbon de terre ne paie que 1 cent.; la différence au préjudice des bois est donc plus grande encore.

Nantes à Brest.—Les droits sont les mêmes que sur le canal d'Ille et Rance.

Manicamp. — Le coke paie 4 cent. par tonne et par kilom.

Le bois de construction	id	4 cent. par mètre cube pesant	614 kil.	et par kil	
Le bois flotté	id.	4 cent. par mètre cube	id.	400	id.
Le bois à brûler	id.	2 cent. par stère	id.	225	id.

D'où il suit que la tonne de bois de construction paie		6 c.	51
—	flotté —	10	00
—	à brûler —	8	88

St-Quentin. — Le coke paie par tonne	1 c.	00
Le bois en train — par mètre cube pesant 400 kilog.	1	00
Donc, par tonne, le bois paie	2	50

Répression des délits.—L'insuffisance de la législation, en ce qui concerne les bois de particuliers, a été démontrée dans un mémoire spécial adressé l'année dernière au ministre de la justice par la Société forestière. Voici, sur le même sujet l'opinion de l'administration forestière :

Les peines portées par le Code forestier sont, non-seulement insuffisantes, mais encore d'une application difficile, surtout en ce qui concerne les bois des particuliers.

Le particulier qui veut, en effet, obtenir la réparation d'un délit, est obligé de faire des avances considérables, sans être assuré du succès : car, le procès-verbal de son garde ne faisant pas foi jusqu'à inscription de faux, un témoignage inattendu peut suffire pour en détruire l'effet.

Si le délinquant est insolvable ou seulement se prétend tel, ce qui arrive dans un grand nombre de cas, le propriétaire est réduit à la nécessité d'abandonner le jugement, ou, s'il en poursuit l'exécution, d'ajouter aux frais déjà faits, les frais de la contrainte par corps, lesquels, d'après un tableau dressé en 1836 par l'administration, s'élèvent à la somme de 60 fr. 80 c. ; aussi les particuliers renoncent-ils généralement à la protection coûteuse que la loi leur accorde. Ce qui le prouve, c'est qu'en 1842, par exemple, les poursuites relatives aux délits commis dans les bois soumis au régime forestier, ont été au nombre de 68,053, tandis que celles concernant les bois des particuliers ont été au nombre de 1815 seulement.

NOTE L.

Sur la fausse appréciation de l'importance des bois par les assemblées politiques

On lit dans le rapport sur le budget des dépenses et des recettes pour l'année 1831.

Messieurs, nous venons vous demander un crédit facultatif de 200 millions, pour assurer les voies et moyens du budget extraordinaire. Il nous a paru plus convenable de vous demander ce crédit en obligations du trésor, remboursables avec le produit de nos bois, qu'en rentes sur le grand livre.

. . . .

Le sol forestier ne souffrira-t-il pas d'une aliénation ?
Une aliénation se fera-t-elle à des conditions [illegible]

. . . .
Le sol forestier de la France se compose de 6,840,000 hectares, dont 3,490,000 appartenant aux particuliers, et 3,350,000 à l'État, aux communes, et à la couronne.

On tremble pour la conservation de cette masse de bois, parce qu'on suppose à tout le monde la volonté d'abattre et de défricher. Cette crainte n'est guère fondée depuis que l'industrie a reçu un développement étendu, parce que tous les bois ont été convertis en taillis sous futaie, pour être coupés tous les vingt ans, et être employés comme combustible. Ils sont devenus, dès lors, un revenu solide, régulier, facile à diriger, et qu'un grand nombre de propriétaires ont recherché avec empressement. Le penchant au défrichement est, dès lors, fortement diminué. La supériorité du bois sur la houille, pour le chauffage domestique et pour la préparation de certains fers, assure pour longtemps cet état de choses, etc., etc.

Il est vrai que des bois taillis trouveraient seuls une garantie de conservation dans le goût des particuliers. Les bois en futaie pleine, qui sont si importants pour les constructions civiles et navales, ne sont pas un revenu qui plaise aux propriétaires, parce qu'ils sont aménagés à 150 ans, et que la prévoyance, la patience des meilleurs pères de famille ne va pas si loin.

. . . . . La question de la conservation des futaies ne deviendrait grave que si on voulait aliéner tout le domaine forestier. Alors, on pourrait demander une réserve suffisante, pour fournir aux besoins des constructions ; mais nous ne sommes pas dans ce cas, à présent, puisqu'il s'agit d'une simple aliénation de 300,000 hectares. Au surplus, on pourrait législativement imposer à l'administration l'obligation de faire une réserve suffisante en futaie, de 200,000 hectares par exemple.

L'intérêt du sol forestier n'est donc pas à invoquer ici.

On peut objecter enfin la difficulté des aliénations. . . . . soutenir que l'État ne retirera qu'une faible valeur de ces propriétés.

A cela on peut répondre que 300,000 hectares présentés au marché dans l'espace de cinq années, ne sont pas une masse capable d'avilir les prix ; que déjà deux aliénations ont eu lieu, l'une de 42,000 hectares, l'autre de 122,000 ; que malgré l'insuffisance des précautions dans les aliénations, les pertes n'ont pas été bien considérables, puisque le prix moyen de vente a été de 842 francs pour l'une, et de 723 francs pour l'autre.

Nous pourrions ajouter ici beaucoup d'autres considérations connues de tout le monde, sur le peu d'aptitude de l'État à être propriétaire, et sur l'avantage de faire passer les propriétés publiques aux mains des particuliers. . . . .

Les bois, en général, ne rendent que 2 ou 2 1|2 au plus à l'État ; transportés aux particuliers, ils rendraient par les mutations ou l'impôt foncier, 1 1|2 au moins p. 100, c'est-à-dire les deux tiers environ de leur revenu actuel. L'État en aurait donc en caisse la valeur, et retrouverait par l'impôt une partie du produit. Les particuliers en retireraient aussi de leur côté un revenu supérieur à celui qu'en retirerait l'État. La supériorité de l'industrie individuelle explique ces différences.

Voilà comment un des plus grands financiers de l'époque appréciait en 1831 l'utilité de la conservation des forêts domaniales ; réserver à l'État 200,000 hectares de futaies, vendre le surplus à raison de 7 à 800 francs l'hect. — c'est un bon prix. — Tel était, au fond, son système, et il ne s'est trouvé personne pour le combattre ! N'est-il pas remarquable que ces principes d'économie forestière, qui sont pourtant à la portée de toutes les intelligences, entrent si difficilement dans la tête des personnes qui ne sont pas du métier. Il n'y a pas un homme d'État qui, ayant le désir ou le besoin de traiter une question d'industrie, de science, d'art, etc., ne soit capable de s'assimiler, dans un court délai, les notions techniques fondamentales nécessaires à l'étude de cette question. On a entendu des jurisconsultes discuter des questions de science ou d'industrie, des savants et des industriels discuter des questions de jurisprudence avec une précision, une profondeur et une justesse qui ne laissaient rien à désirer. Comment se fait-il que les principes élémentaires de la sylviculture soient généralement méconnus ?

Les erreurs capitales contenues dans les lignes que nous venons de citer, se sont reproduites à toutes les époques où la question de la conservation des bois est revenue sur le tapis ; voici ce qu'on trouve dans le rapport fait au gouvernement sur la situation financière de la République, par le membre du gouvernement provisoire, ministre des finances, le 9 mars 1848.

Bois de l'État.

Au point de vue financier, l'administration des forêts a laissé jusqu'ici beaucoup à désirer. *Ces magnifiques propriétés ne rapportent guère, dans leur ensemble, au trésor que 2 p. 100...* Je vais faire étudier les moyens d'améliorer cette portion du service.

Mais en attendant, il est certain qu'aujourd'hui plusieurs parties de ces forêts peuvent être vendues avec un égal avantage, et pour le trésor qui percevrait les produits de la vente, et pour la richesse générale qui croîtrait par suite d'une gestion plus énergique et plus habile. . . . .

Enfin le projet du budget des recettes de l'exercice de 1852 apprécie de la manière suivante l'aliénation proposée de 50,000 hectares de forêts domaniales.

Les avantages de cette mesure sont évidents. *Les bois qui en seront l'objet, produisent aujourd'hui, frais de garde déduits, au plus* 2 1/2 p. 100 de revenu. En tenant compte de l'impôt et des droits de mutation auxquels ils seront assujettis, en passant dans les conditions de la propriété privée, on trouve que le capital procuré au trésor lui coûtera moins de 2 p. 100 d'intérêt. . . . .

NOTE M.

Sur le produit du sol forestier.

Voici comment a été établi le chiffre de 3,500,000 mèt. cub. que nous indiquons pour la production annuelle des forêts appartenant à l'Etat.

Les coupes vendues dans ces forêts, en 1852, ont produit :

En bois de service.	365,520 m. c.
— industrie.	302,098
— chauffage (fagots compris) 2,311,219 st. représentant, à raison de 1 st. 50 pour 1 m. c. .	1,733,414
— charbon 1,976,933 à 2 st. pour 1 m. c. .	988,466
Total.	3,389,498 m. c.

Nous avons dû ajouter à ces quantités les produits des coupes par économie, ainsi que ceux qui sont chaque année délivrés aux usagers. Nous n'avons pas pu nous procurer les chiffres afférents à l'année 1852, mais nous avons trouvé, dans nos notes, ceux de l'exercice 1849 et nous les avons adoptés. Nous avons obtenu de cette manière :

Pour le bois de service. . .	388,053 m. c.	soit 10,3 p. 100.
industrie.	302,098	— 8,0 p. 100.
chauffage.	1,985,106	— 81,0 p. 100.
charbon.	1,096,784	
	3,772 041 m. c	

Mais, il faut remarquer que le produit pécuniaire des coupes adjugées en 1852 s'est élevé, en principal, à 27 millons à peu près, tandis qu'en moyenne il est annuellement de 25 millions au plus. L'excédant provient des coupes invendues des exercices précédents. Nous ne pouvions pas le maintenir dans nos calculs, sous peine d'exagérer le rendement annuel moyen que nous cherchions à déterminer. Nous avons donc diminué le chiffre de 3,772,041 m. c. d'une quantité à peu près équivaleute à l'excédant précité, et nous sommes arrivé ainsi au chiffre rond de 3,500,000 m. c. — Le surplus de nos calculs n'a pas besoin d'explications.

Quand nous faisons observer que le rendement de nos forêts domaniales est à peine égal à la moitié de celui qu'on pourrait obtenir de forêts traitées *avec soin* et *intelligence*, il est loin de notre pensée de vouloir accuser l'Administration actuelle de ne pas apporter dans l'accomplissement de sa mission toutes les qualités désirables. L'appauvrissement de notre domaine forestier tient à des causes anciennes dont cette Administration n'est pas responsable, et dont elle tend, par les plus louables efforts, à réparer les effets désastreux. Les services que le corps des agents forestiers rend au pays n'ont qu'un tort : c'est celui de ne pas être appréciés à leur juste valeur.

NOTE N.

Sur l'importation des bois.

COMMERCE SPÉCIAL. — *Importation en* 1852.

DÉSIGNATION DES MARCHANDISES.	UNITÉS.	IMPORTATIONS 1852. Quantités.	IMPORTATIONS 1852. Valeurs actuelles.
Bois de chauffage { en bûches	stère.	119.877	779,200
Bois de chauffage { en fagots	pièce.	868,697	173,739
Charbon de bois ou de chenevottes	kilogr.	130,582	2,415,767
Bois de construction { bruts ou équarris à la hache	stère.	234,927	7,539,823
Bois de construction { sciés, ayant plus de 0 m. 08 d'épaisseur	—	209,082	7,279,060
Bois de construction { sciés, ayant 0 m. 08 d'épaisseur et au-dessous.	mètre.	36,272,348	21,543,748
Bois spéciaux pour la marine. { Mâts	pièce.	1,762	246,680
Bois spéciaux pour la marine. { Mâtereaux	—	1,365	54,600
Bois spéciaux pour la marine. { Espars	—	8,628	172,560
Bois spéciaux pour la marine. { Pigouilles	—	19,774	29,661
Bois spéciaux pour la marine. { manches de gaffe, etc.	—	24,056	13,240
Perches	—	781.489	351,670
Échalas	—	370,773	7,415
Bois en éclisses	—	418,152	29,270
Bois feuillard	—	22,626,008	1,431,236
Merrain de chêne et autres	—	30,088,891	19,579,971
Liége brut, râpé et ouvré	kilogr.	423,479	181,445
Autres bois communs	—	»	33,346
Futailles vides { montées	litre.	16.455,293	165,625
Futailles vides { démontées	—	24,852	24,852
Balais communs en bois	pièce.	1,430,767	143.077
Boîtes bois blanc	kilogr.	780	780
Avirons et rames	mètre.	158,730	58511
Sabots communs	kilogr.	5,129	1795
Boissellerie	—	76,065	26 622
Bois de fusil en noyer	—	127	127
Ouvrages en bois non dénommés	—	301,834	301.834
Bois de buis	—	639,191	127 .838
Ecorces à tan	—	2,631,824	185, 281
			62,918,77

NOTE O.

Défrichements autorisés.

De 1828 à 1840 inclusivement.		
1828...........	1,362	hectares.
1829...........	1.703	—
1830...........	2.687	—
1831...........	3.711	—
1832...........	7,173	—
1833...........	4,459	—
1834...........	8.551	—
1835...........	6.957	—
1836...........	8,427	—
1837...........	11,235	—
1838...........	8,342	—
1839...........	9.848	—
1840...........	15.925	—
Total	92.350	—
Moyenne annuelle...	7,103,85	—

De 1841 à 1853 inclusivement.		
1841...........	11.971	hectares.
1842...........	4.848	—
1843...........	6.962	
1844...........	7.583	
1845...........	9.062	—
1846...........	7,431	—
1847...........	7.968	
1848...........	9,564	—
1849...........	7.482	
1850...........	10,054	—
1851...........	11.142	—
1852...........	12,130	—
1853...........	13,099	—
Total...	119.296	—
Moyenne annuelle...	9.176,62	—

Total général................ 211.646 hectares.
Moyenne annuelle générale..... 8.140 —

www.ingramcontent.com/pod-product-compliance
Ingram Content Group UK Ltd.
Pitfield, Milton Keynes, MK11 3LW, UK
UKHW020354180726
13839UKWH00003B/1099